基础力学课程规范化练习丛书

材料力学规范化练习
（第3版）

冯立富　主编

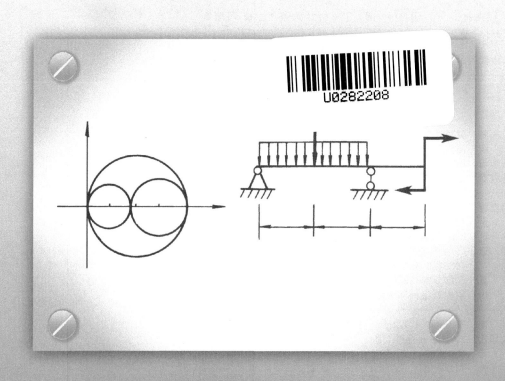

西安交通大学出版社
XI'AN JIAOTONG UNIVERSITY PRESS

内容简介

本书依据工科院校材料力学教学的实际需要编写,旨在规范课程练习,帮助学生深刻理解课程内容,熟练掌握材料力学解题的基本方法,方便教师和学生的作业练习。

书中包括了材料力学的基本概念,杆件的轴向拉压、剪切、扭转和弯曲四种基本变形,应力、应变分析,强度理论、组合变形,压杆稳定,动载荷和交变应力等基本内容。

本书可作工科院校各类专业本科材料力学课程配套教材使用,亦可供相应专业的大专师生使用。

图书在版编目(CIP)数据

材料力学规范化练习/冯立富主编.—3版.—西安:西安交通大学出版社,2015.7(2023.3 重印)
ISBN 978-7-5605-7607-7

Ⅰ.①材… Ⅱ.①冯… Ⅲ.①材料力学-高等学校-习题集
Ⅳ.①TB301-44

中国版本图书馆 CIP 数据核字(2015)第 159359 号

书　　名	材料力学规范化练习(第 3 版)
主　　编	冯立富
责任编辑	田　华
责任校对	李　文
出版发行	西安交通大学出版社
	(西安市兴庆南路 1 号　邮政编码 710048)
网　　址	http://www.xjtupress.com
电　　话	(029)82668357　82667874(市场营销中心)
	(029)82668315(总编办)
传　　真	(029)82668280
印　　刷	西安日报社印务中心
开　　本	787mm×1 092mm　1/16　印张 6.875　字数 161 千字
版次印次	2015 年 8 月第 3 版　2023 年 3 月第 6 次印刷
书　　号	ISBN 978-7-5605-7607-7
定　　价	14.00 元

如发现印装质量问题,请与本社市场营销中心联系。
订购热线:(029)82665248　(029)82667874
投稿热线:(029)82664954
读者信箱:lg_book@163.com

版权所有　侵权必究

第 3 版前言

材料力学是高等工科学校各类工程专业的一门实践性很强的技术基础课。

本书 2003 年的第 1 版和 2009 年的第 2 版出版以来,对帮助学生全面深刻地理解材料力学的基本概念、基本理论,熟练掌握应用这些基本概念、基本理论分析求解力学问题的基本思路和方法,节省学生完成作业时抄题和画图的时间;对方便教师给学生选留作业题和批改作业,规范学生完成综合练习题的程式、最低数量和题型,保证材料力学的教学质量,发挥了较好的作用,受到了广大力学教师和学生的欢迎。

为了适应进一步深化教学改革的需要,我们在本书第 2 版的基础上进行了修订,现作为第 3 版出版。

参加这次修订工作的有(按姓氏笔画为序):王芳林(西安电子科技大学)、王璐(西安工业大学)、刘玲华(西安工业大学)、李颖(空军工程大学)、吴守军(西北农林科技大学)、张文荣(西安工业大学)、张烈霞(陕西理工学院)、岳成章(西安思源学院)、贾坤荣(西安工程大学)和解敏(西安理工大学),由冯立富任主编并统稿。

参加本书第 1 版编写工作的有(按姓氏笔画排序):王安强(西北工业大学),刘真(长安大学),李颖(空军工程大学),李印生(武警工程学院),李德吾(西安工程科技学院),宋振飞(西安交通大学),侯东生(陕西科技大学),钟光珞(西安建筑科技大学),莫霄依(西安理工大学),黄一红(西安电子科技大学),阎宁霞、任武刚(西北农林科技大学),温变红、梁亚平(二炮工程学院)。由钟光珞和刘真任主编。

参加本书第 2 版修订工作的有(按姓氏笔画为序):李颖(空军工程大学)、张文荣(西安工业大学)、岳成章(西安思源学院)、莫霄依(西安理工大学)、贾坤荣(西安工程科技大学)、黄一红(西安电子科技大学)和阎宁霞(西北农林科技大学),由冯立富任主编并统稿。

由于我们水平所限,书中难免还会有疏误和不妥之处,恳请广大读者批评指正。

编者
2015 年 5 月

目 录

1　轴向拉伸与压缩

1.1 【是非题】使杆件产生轴向拉压变形的外力必须是一对沿杆轴线的集中力。（　　）

1.2 【是非题】轴力越大,杆件越容易被拉断,因此轴力的大小可以用来判断杆件的强度。　　　　　　　　　　　　　　　　　　　　　　　　　　　　　　　　（　　）

1.3 【是非题】内力是指物体受外力后其内部产生的相互作用力。　　　（　　）

1.4 【是非题】杆件伸长后,横向会缩短,这是因为杆有横向应力存在。（　　）

1.5 【是非题】轴向拉伸时,其轴向应力与应变之比始终保持为常量。　（　　）

1.6 【是非题】只有静不定结构才可能有装配应力和温度应力。　　　（　　）

1.7 【选择题】内力与应力的关系是（　　）。

A. 内力大于应力　　　　　　　　B. 内力等于应力的代数和

C. 内力为矢量,应力为标量　　　D. 应力是分布内力的集度

1.8 【选择题】轴向拉、压中的平面假设适用于（　　）。

A. 整根杆件长度的各处

B. 除杆件两端外的各处

C. 距杆件加力端稍远的各处

1.9 【选择题】图示杆件的轴力图,关于 B 截面处的轴力,以下说法中（　　）不能采用。

A. $F_{NB}=2+3=5\text{ kN}$

B. $F_{NB}=2+(-3)=-1\text{ kN}$

C. $F_{NB}=0$

D. F_{NB} 介于 2 kN 与 -3 kN 之间,为不确定值

E. 应将 B 截面分为 $B_左$ 与 $B_右$ 两个截面,$F_{NB左}=2\text{ kN}$,$F_{NB右}=3\text{ kN}$

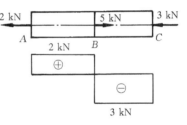

题 1.9 图

1.10 【选择题】影响杆件工作应力的因素有（　　）;影响极限应力的因素有（　　）。

A. 载荷　　　　　　　　B. 材料性质

C. 截面尺寸　　　　　　D. 工作条件

1.11 【选择题】图示三种材料的应力-应变曲线,则弹性模量最大的材料是（　　）;强度最高的材料是（　　）;塑性性能最好的材料是（　　）。

1.12 【选择题】低碳钢在屈服阶段将发生（　　）变形。

A. 弹性　　　　　　　　B. 线弹性

C. 塑性　　　　　　　　D. 弹塑性

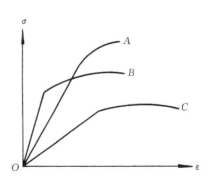

题 1.11 图

1.13　【填空题】低碳钢应力应变曲线上的 4 个应力特征值是比例极限 σ_p、弹性极限 σ_e、屈服极限 σ_s 和强度极限 σ_b。它们的物理意义分别为：

σ_p ＿＿＿＿＿＿＿＿＿＿＿＿＿＿＿＿＿＿＿＿＿＿＿＿＿＿＿＿＿＿＿＿＿＿＿＿＿＿ ；

σ_e ＿＿＿＿＿＿＿＿＿＿＿＿＿＿＿＿＿＿＿＿＿＿＿＿＿＿＿＿＿＿＿＿＿＿＿＿＿＿ ；

σ_s ＿＿＿＿＿＿＿＿＿＿＿＿＿＿＿＿＿＿＿＿＿＿＿＿＿＿＿＿＿＿＿＿＿＿＿＿＿＿ ；

σ_b ＿＿＿＿＿＿＿＿＿＿＿＿＿＿＿＿＿＿＿＿＿＿＿＿＿＿＿＿＿＿＿＿＿＿＿＿＿＿ 。

1.14　【填空题】强度条件 $\sigma_{max} \leqslant [\sigma]$ 中，σ_{max} 是＿＿＿＿＿＿＿＿＿＿＿＿＿＿，$[\sigma]$ 是

＿＿＿＿＿＿＿＿＿＿，而 $[\sigma] = \dfrac{\sigma_u}{n}$，式中，$\sigma_u$ 是极限应力，它由＿＿＿＿＿＿＿＿＿＿＿＿确定，n 是规定的安全

系数，必须有＿＿＿＿＿＿。通常情况下，对于塑性材料 $\sigma_u =$ ＿＿＿＿或 $\sigma_u =$ ＿＿＿＿；对于脆性材

料，$\sigma_u =$ ＿＿＿＿和 $\sigma_u =$ ＿＿＿＿。

1.15　【填空题】图示阶梯形拉杆的总变形为＿＿＿＿。

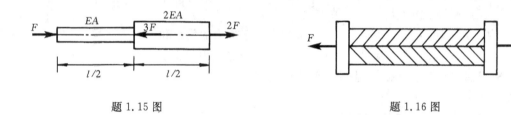

题 1.15 图　　　　　　　　　　　　　　　题 1.16 图

1.16　【填空题】将弹性模量分别为 E_1 和 E_2、形状尺寸相同的二根杆，并联地固接在两端的刚性板上，如图所示。若在载荷 F 作用下，两杆的变形相等，则 E_1 与 E_2 的关系应为

＿＿＿＿＿＿。

1.17　【填空题】低碳钢材料由于冷作硬化，会使＿＿＿＿＿＿＿＿＿提高，而使＿＿＿＿＿＿降低。

1.18　【填空题】构件由于截面的＿＿＿＿＿＿＿＿＿＿＿＿＿会发生应力集中现象。

1.19　【引导题】图(a)示一压力机，在物件 C 上所受的最大压力为 150 kN。已知压力机立柱 A 和螺杆 BB 所用材料为 Q235 钢，其 $[\sigma] = 160$ MPa。(1)试按强度条件设计立柱 A 的直径 D；(2)若螺杆 BB 的螺纹内径 $d = 40$ mm，试校核其强度。

解　(1)确定立柱 A 与螺杆 BB 的轴力

截取压力机的上半部分，如图(b)所示，由平衡条件，得

$$F_{NA} = \underline{\qquad}, \quad F_{NB} = \underline{\qquad}$$

(2)设计立柱 A 的直径 D

由强度条件 $\sigma_A = \dfrac{F_{NA}}{\pi D^2/4} \leqslant [\sigma]$

得　$D \geqslant \sqrt{\dfrac{4F_{NA}}{\pi[\sigma]}} = \underline{\qquad\qquad}$

(3)校核螺杆 BB 强度

$$\sigma_B = \dfrac{F_{NB}}{\pi d^2/4} = \underline{\qquad\qquad}$$

故　＿＿＿＿＿＿＿＿＿＿＿＿＿＿。

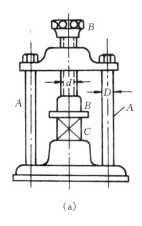

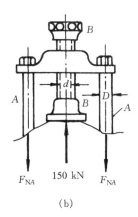

(a)　　　　　　　　　　　　(b)

题 1.19 图

1.20 试作图示各杆的轴力图。其中图(d)考虑杆的自重作用,已知 $a=2\,\mathrm{m}$,杆的横截面面积 $A=400\times10^2\,\mathrm{mm}^2$,材料单位体积的重量 $\gamma=20\,\mathrm{kN/m^3}$, $F=10\,\mathrm{kN}$。

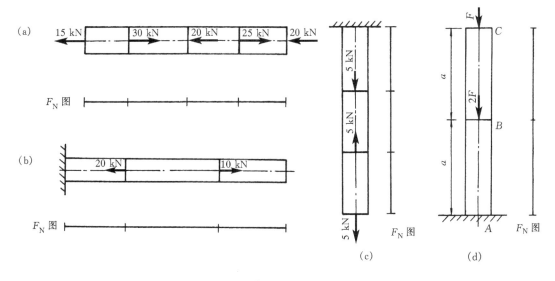

题 1.20 图

1.21 卧式拉床的油缸内径 $D=186\,\mathrm{mm}$,活塞杆直径 $d_1=65\,\mathrm{mm}$,材料为 20Cr,并经过热处理,$[\sigma]_{杆}=130\,\mathrm{MPa}$。缸盖由 6 个 M20 的螺栓与缸体联接,M20 螺栓的内径 $d=17.3\,\mathrm{mm}$。材料为 35 钢,经热处理 $[\sigma]_{螺}=110\,\mathrm{MPa}$。试按活塞杆和螺栓的强度确定最大油压 p。

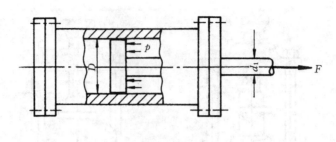

题 1.21 图

1.22　图示结构中，$F = 100\,\text{kN}$，杆 AC 由两根同型号等边角钢构成，许用应力$[\sigma]_{钢} = 160\,\text{MPa}$，杆 BC 由边长为 a 的正方形截面木杆构成，许用压应力$[\sigma^-]_{木} = 10\,\text{MPa}$。试选择角钢号及木杆横截面尺寸 a。

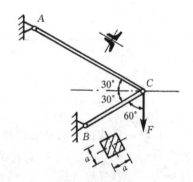

题 1.22 图

1.23 某种材料试样的直径 $d=10\mathrm{mm}$，标距 $l_0=100\mathrm{mm}$，由拉伸试验测得其拉伸曲线如图所示，其中 d 为断裂点。试求：(1)此材料的延伸率约为多少？(2)由此材料制成的构件，承受拉力 $F=40\mathrm{kN}$，若取安全系数 $n=1.2$，求构件所需的横截面面积。

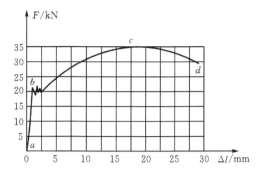

题 1.23 图

1.24 等直杆受轴向载荷如图所示。已知杆的横截面面积 $A=10\,\mathrm{cm}^2$，材料的弹性模量 $E=200\,\mathrm{GPa}$，试计算杆 AB 的总变形和各段的应变。

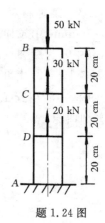

题 1.24 图

1.25　图示水平刚性杆 AB 由直径为 $20\,\text{mm}$ 的钢杆 CD 拉住，B 端作用载荷 $F=15\,\text{kN}$，钢杆的弹性模量 $E=200\,\text{GPa}$。试求 B 点的铅垂位移 Δ_B。

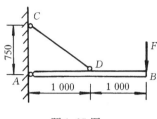

题 1.25 图

1.26　设 CF 为刚体，BC 为铜杆，DF 为钢杆，两杆的横截面面积分别为 A_1 和 A_2，弹性模量分别为 E_1 和 E_2。如要求杆 CF 始终保持水平位置，试求 x。

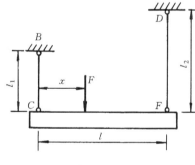

题 1.26 图

1.27 图示三角构架，AB 长 30 cm，AB、AC 均为钢杆，弹性模量 $E=210$ GPa，横截面面积均为 $A=5$ cm²。若有三种加载方式，如图（a）、图（b）、图（c）所示，$F=50$ kN。试分别计算三种情况下结点 A 的水平位移和垂直位移。

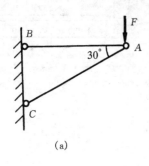 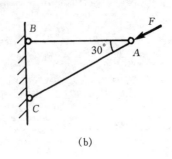 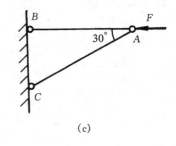

（a）　　　　　　　　　　（b）　　　　　　　　　　（c）

题 1.27 图

1.28 图示结构 AB 为刚性杆,杆 1 和杆 2 为长度相等的钢杆,$E=200\,\mathrm{GPa}$,两杆横截面面积均为 $A=10\,\mathrm{cm}^2$。已知 $F=100\,\mathrm{kN}$,试求杆 1、杆 2 的轴力和应力。

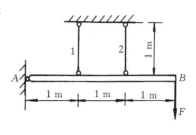

题 1.28 图

1.29 图示阶梯形杆,其上端固定,下端与刚性底面留有空隙 $\Delta=0.08\,\mathrm{mm}$。杆的上段是铜的,$A_1=4\,000\,\mathrm{mm}^2$,$E_1=100\,\mathrm{GPa}$;下段是钢的,$A_2=2\,000\,\mathrm{mm}^2$,$E_2=200\,\mathrm{GPa}$。在两段交界处,受向下的轴向载荷 F。问:(1)F 力等于多少时,下端空隙恰好消失;(2)$F=500\,\mathrm{kN}$ 时,各段的应力值。

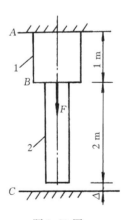

题 1.29 图

1.30　图示结构中，AC 为水平刚性梁，杆 1、杆 2 和杆 3 为横截面面积相等的钢杆。已知 $E=200\,\text{GPa}$，$A=10\,\text{mm}^2$，线膨胀系数 $\alpha=12\times10^{-6}\,1/\text{℃}$。试问当杆 3 的温度升高 $\Delta t=40\,\text{℃}$ 时，各杆的内力。

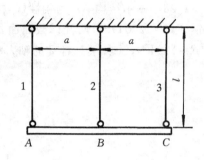

题 1.30 图

1.31　求图示结构的许可荷载 $[F]$。已知 AD、CE、BF 的横截面面积均为 A，杆材料的许用应力均为 $[\sigma]$，梁 AB 可视为刚体。

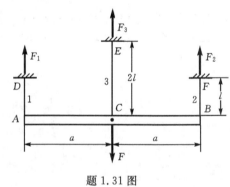

题 1.31 图

2　剪切

2.1　【是非题】在工程中,通常取截面上的平均切应力作为联接件的名义切应力。（　　）

2.2　【是非题】剪切工程计算中,剪切强度极限是真实应力。　　　　　　　（　　）

2.3　【是非题】轴向压缩应力 σ 与挤压应力 σ_{bs} 都是截面上的真实应力。　（　　）

2.4　【选择题】一般情况下,剪切面与外力的关系是（　　）。

A. 相互垂直　　　　　B. 相互平行　　　　　C. 相互成 $45°$　　　　　D. 无规律

2.5　【选择题】如图所示,在平板和受拉螺栓之间垫上一个垫圈,可以提高（　　）强度。

A. 螺栓的拉伸　　　　B. 螺栓的剪切　　　　C. 螺栓的挤压　　　　D. 平板的挤压

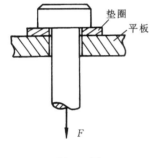

题 2.5 图

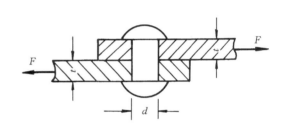

题 2.6 图

2.6　【选择题】图示联接件,若板和铆钉为同一材料,且已知 $[\sigma_{bs}]=2[\tau]$,为充分提高材料的利用率,则铆钉的直径 d 应该为（　　）。

A. $d=2t$　　　　　B. $d=4t$　　　　　C. $d=8t/\pi$　　　　　D. $d=4t/\pi$

2.7　【填空题】图示木榫接头,由受力分析,其剪切面积为＿＿＿＿＿＿,挤压面积为＿＿＿＿＿＿。

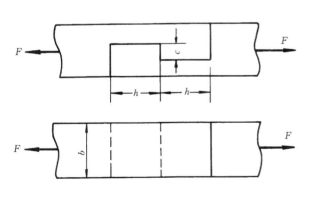

题 2.7 图

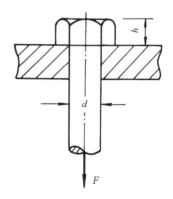

题 2.8 图

— 11 —

2.8 【**填空题**】图示螺钉受拉力 F 作用。已知材料的许用切应力 $[\tau]$ 和拉伸许用应力 $[\sigma]$ 之间的关系为 $[\tau]=0.6[\sigma]$，则螺钉直径 d 与钉头高度 h 的合理比值为_____。

2.9 【**填空题**】联接件由两个铆钉铆接，铆钉剪切面上的切应力 $\tau=$_____。

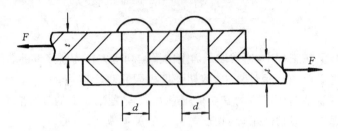

题 2.9 图

2.10 【**引导题**】如图（a）所示，柴油机的活塞销材料为 20Cr，$[\tau]=70$ MPa，$[\sigma_{bs}]=100$ MPa。活塞销外径 $d_1=48$ mm，内径 $d_2=26$ mm，长度 $l=130$ mm，$a=50$ mm。活塞直径 $D=135$ mm。气体爆发压力 $p=7.5$ MPa。试对活塞销进行剪切和挤压强度校核。

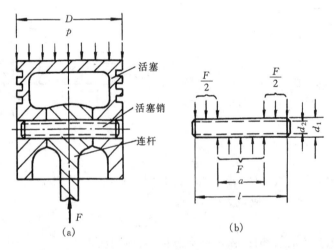

题 2.10 图

解　根据气体压力 p 计算活塞销上所受力

$$F=\underline{\hspace{5cm}}$$

取活塞销研究，受力如图（b）所示，活塞销有两个剪切面，由平衡方程求出剪力

$$F_s=\underline{\hspace{5cm}}$$

活塞销横截面上的切应力为 $\tau=\dfrac{F_s}{A}=\underline{\hspace{4cm}}$

结论：活塞销_____剪切强度要求。

活塞左段和右段的直径面面积之和为 $A_1=\underline{\hspace{3cm}}$

中段的直径面面积为 $A_2=\underline{\hspace{3cm}}$

故应校核_____段的挤压强度，该段挤压应力为 $\sigma_{bs}=\underline{\hspace{3cm}}$

故活塞销_____挤压强度要求。

2.11 图示机床花键有 8 个齿。轴与轮的配合长度 $l=60\,\text{mm}$，外力偶矩 $M=4\,\text{kN·m}$。轮与轴的挤压许用应力为 $[\sigma_{bs}]=140\,\text{MPa}$，试校核花键轴的挤压强度。

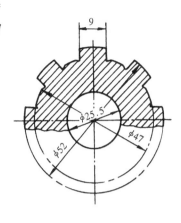

题 2.11 图

2.12 如图所示对接头，每边由两个铆钉铆接，钢板及铆钉材料均为 Q235 钢。已知材料的剪切许用应用 $[\tau]=120\,\text{MPa}$，挤压许用应力 $[\sigma_{bs}]=320\,\text{MPa}$，拉压许用应力 $[\sigma]=160\,\text{MPa}$，$F=100\,\text{kN}$，板厚 $\delta=10\,\text{mm}$，板宽 $b=150\,\text{mm}$，$a=80\,\text{mm}$，铆钉直径 $d=17\,\text{mm}$，试校核该接头的强度。

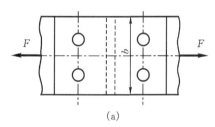

(a)

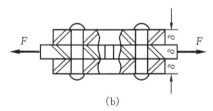

(b)

题 2.12 图

2.13 图示一螺栓将拉杆与厚为 8 mm 的两块盖板相联接。各零件材料相同，许用应力均为 $[\sigma] = 80$ MPa，$[\tau] = 60$ MPa，$[\sigma_{bs}] = 160$ MPa，若拉杆的厚度 $t = 15$ mm，拉力 $F = 120$ kN，试设计螺栓直径 d 和拉杆宽度 b。

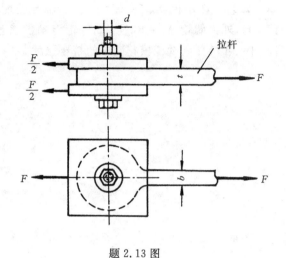

题 2.13 图

2.14 螺栓穿过一钢板，受力如图所示，试讨论此结构可能发生哪些形式的破坏，分别计算破坏面面积。

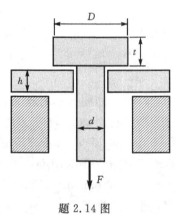

题 2.14 图

3　扭　转

3.1　【是非题】在单元体两个相互垂直的截面上,切应力的大小可以相等,也可以不同。
（　　）

3.2　【是非题】扭转切应力公式 $\tau_\rho = \dfrac{T\rho}{I_p}$ 可以适用于任意截面形状的轴。　　（　　）

3.3　【是非题】受扭转的圆轴,最大切应力只出现在横截面上。　　　　　（　　）

3.4　【是非题】圆轴扭转时,横截面上既有正应力,又有切应力。　　　　（　　）

3.5　【是非题】矩形截面杆扭转时,最大切应力发生于矩形长边的中点。　（　　）

3.6　【选择题】根据圆轴扭转的平面假设,可以认为圆轴扭转时横截面（　　）。
A.形状尺寸不变,直线仍为直线　　　　B.形状尺寸改变,直线仍为直线
C.形状尺寸不变,直线不保持直线　　　D.形状尺寸改变,直线不保持直线

3.7　【选择题】已知图(a)、图(b)所示两圆轴的材料和横截面面积均相等。若图(a)所示 B 端面相对于固定端 A 的扭转角是 φ,则图(b)所示 B 端面相对于固定端 A 的扭转角是（　　）。
A. φ　　　　　　B. 2φ　　　　　　C. 3φ　　　　　D. 4φ

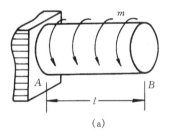
(a)

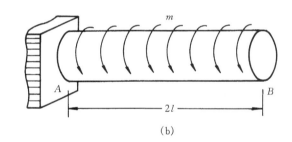
(b)

题 3.7 图

3.8　【填空题】在同一减速箱中,设高速转轴的直径为 d_1,低速转轴的直径为 d_2,两轴所用材料相同,两传动轴直径之间的关系应当是＿＿＿＿。

3.9　【填空题】实心圆轴,若其直径增加 1 倍,其抗扭截面系数 W_p 增大＿＿＿＿。

3.10　【填空题】铸铁圆轴受扭转破坏时,其断口形状为＿＿＿＿＿＿＿。

3.11　【引导题】某空心轴外径 $D=100\,\text{mm}$,内外径之比 $\alpha = d/D = 0.5$,轴的转速 $n=300\,\text{r/min}$,轴所传递功率 $P=150\,\text{kW}$,材料的切变模量(剪切弹性模量)$G=80\,\text{GPa}$,许用切应力 $[\tau]=40\,\text{MPa}$,许可单位长度扭转角 $[\theta]=0.5°/\text{m}$,试校核轴的强度和刚度。

解　(1)确定轴所受扭矩　由轴的传递功率、转速可知

$$T = 9\,549\,\frac{P}{n} = \underline{\hspace{4cm}}$$

(2)强度校核

$$\tau_{\max}=\frac{T}{W_{\mathrm{p}}}=\underline{\hspace{4cm}}$$

故该轴＿＿＿＿＿＿＿强度要求。

（3）刚度校核

$$\theta=\frac{T}{GI_{\mathrm{p}}}\times\frac{180°}{\pi}=\underline{\hspace{4cm}}$$

故该轴＿＿＿＿＿＿＿＿＿刚度要求。

3.12　作图示各杆的扭矩图。

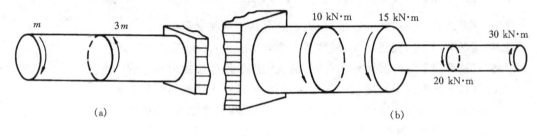

题 3.12 图

3.13　直径 $D=50\,\mathrm{mm}$ 的圆轴受到扭矩＝$2.15\,\mathrm{kN\cdot m}$ 的作用。试求在距离轴心 $10\,\mathrm{mm}$ 点处的切应力，并求轴横截面上的最大切应力。

3.14 发电量为 15 000 kW 的水轮机主轴如图所示。$D = 550$ mm，$d = 300$ mm，正常转速 $n = 250$ r/min。材料的许用切应力 $[\tau] = 50$ MPa。试校核水轮机主轴的强度。

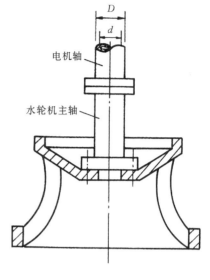

题 3.14 图

3.15 图示直径 $D = 200$ mm 的圆轴，其中 AB 段为实心，BC 段为空心，且内径 $d = 10$ mm，已知材料的许用切应力 $[\tau] = 50$ MPa。求转矩 M 的许可值。

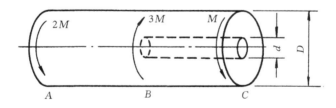

题 3.15 图

3.16 阶梯形圆轴直径分别为 $d_1 = 40\,\text{mm}$，$d_2 = 70\,\text{mm}$，轴上装有 3 个皮带轮，如图所示。已知由轮 3 输入的功率为 $P_3 = 30\,\text{kW}$，轮 1 输出的功率为 $P_1 = 13\,\text{kW}$，轴作匀速转动，转速 $n = 200\,\text{r/min}$，材料的许用切应力 $[\tau] = 60\,\text{MPa}$，切变模量 $G = 80\,\text{GPa}$，许用单位长度扭转角 $[\theta] = 2°/\text{m}$。试校核轴的强度和刚度。

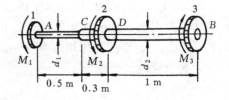

题 3.16 图

3.17　传动轴的转速为 $n＝500\,\mathrm{r/min}$，主动轮 1 输入功率 $P_1＝367.8\,\mathrm{kW}$，从动轮 2、从动轮 3 分别输出功率为 $P_2＝147.15\,\mathrm{kW}$，$P_3＝220.65\,\mathrm{kW}$。已知 $[\tau]＝70\,\mathrm{MPa}$，$[\theta]＝1°/\mathrm{m}$，$G＝80\,\mathrm{GPa}$。

（1）试确定 AB 段的直径 d_1 和 BC 段的直径 d_2。

（2）若 AB 和 BC 两段选用同一直径，试确定直径 d。

（3）主动轮和从动轮应如何安排才比较合理？

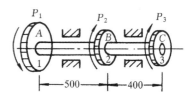

题 3.17 图

3.18　一钻机功率 $P_k = 7.5$ kW,钻杆外径 $D = 60$ mm,内径 $d = 50$ mm,转速 $n = 180$ r/min,材料扭转许用切应力$[\tau] = 40$ MPa,切变模量 $G = 80$ MPa,若钻杆钻入土层深度 $l = 40$ m,并假定土壤对钻杆的阻力是均匀分布的力偶,试绘钻杆扭矩图并校核钻杆强度;计算 A、B 截面相对扭转角 φ_{AB}。

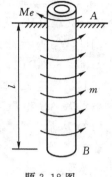

题 3.18 图

4 截面的几何性质

4.1 【是非题】截面的对称轴是截面的形心主惯性轴。（　　）

4.2 【是非题】截面的主惯性矩是截面对通过该点所有轴的惯性矩中的最大值和最小值。　　　　　　　　　　　　（　　）

4.3 【选择题】对于图示截面，（　　）是正确的。

A. $S_x = 0$，$S_y \neq 0$　　　　　B. $S_x \neq 0$，$I_{xy} = 0$

C. $S_x = 0$，$S_y = 0$　　　　　D. $I_{xy} = 0$，$S_y \neq 0$

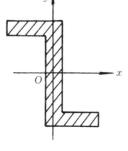

题 4.3 图

4.4 【选择题】下列结论中正确的是（　　）。

A. 平面图形的对称轴必通过形心

B. 平面图形若有两根对称轴，则该两轴的交点就是该平面图形的形心

C. 平面图形对于对称轴的静矩必为零

D. 平面图形对于某轴的静矩若等于零，则该轴必定为该平面图形的对称轴

4.5 【选择题】图示平面图形，x - y 为对称轴。下列结论中不正确的是（　　）。

A. $I_{x_1} > I_x$，$I_{y1} > I_y$

B. $I_{x_1 y} > I_{xy}$，$I_{xy_1} > I_{xy}$

C. $I_{xy} = I_{xy_1} = I_{x_1 y} = 0$

D. $I_{xy} = I_{x_1 y_1} = 0$

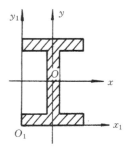

题 4.5 图

4.6 【填空题】图（a）中 C 为截面形心，截面的惯性矩 $I_x = $

＿＿＿＿＿＿，$I_y = $＿＿＿＿＿＿＿；图（b）中已知 $I_x = \dfrac{bh^3}{12}$，则 $I_{x'} = $＿＿＿＿＿＿。

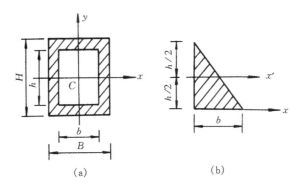

(a)　　　　　　　　　　(b)

题 4.6 图

4.7 【引导题】求半径为 r 的半圆对 x 轴的静矩并确定其形心坐标 x_C、y_C。

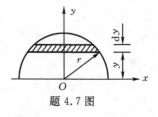

题 4.7 图

解　在距 x 轴为 y 处取与 x 轴平行狭条,取微面积

$$dA = 2\sqrt{r^2 - y^2}\,dy$$

按定义 $S_x = \int\limits_A y\,dA = \int\limits_0^r y \times 2\sqrt{r^2 - y^2}\,dy$

$$= \underline{\hphantom{XXXXX}}$$

形心位置 $x_C = 0$,$y_C = \dfrac{S_x}{A} = \underline{\hphantom{XXXXXXXXXX}}$。

4.8　试求截面对底边的静矩,并确定图示截面形心 C 的位置。

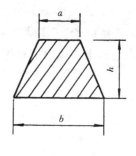

题 4.8 图

4.9　试确定图示截面形心 C 的位置。其中正方形边长为 $2a$，圆心坐标 $(a,0.5a)$，圆半径 $r=0.5a$。

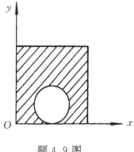

题 4.9 图

4.10　试计算图中 T 形截面的形心主惯性矩。

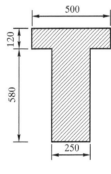

题 4.10 图

4.11　图示由两个 20a 槽钢组成的组合截面,如欲使此截面对于两个对称轴的惯性矩 $I_y = I_x$,则两槽钢的间距 a 应为多少?

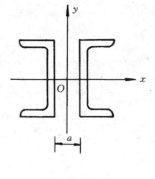

题 4.11 图

5　弯曲内力

5.1　试求图示各梁中指定截面上的内力。其中 $1-1$、$2-2$ 截面无限接近 C 点，$3-3$、$4-4$ 截面无限接近 B 点。

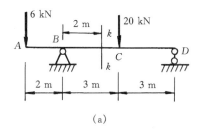

(a)

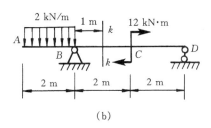

(b)

题 5.1 图

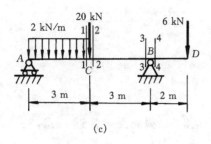

(c)

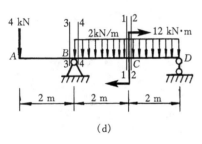

（d）

题 5.1 图（续）

5.2 用列方程法作下列各梁的剪力图和弯矩图。

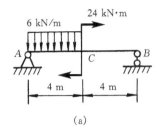

(a)

F_S 图 ━━━━━━━━

M 图 ━━━━━━━━

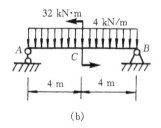

(b)

F_S 图 ━━━━━━━━

M 图 ━━━━━━━━

题 5.2 图

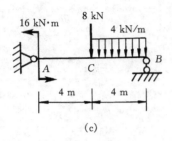

(c)

F_S 图 ——————————

M 图 ——————————

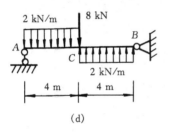

(d)

F_S 图 ——————————

M 图 ——————————

题 5.2 图(续)

5.3 利用剪力 F_s、弯矩 M 和载荷集度 q 间的微分关系作下列各梁的剪力图和弯矩图。

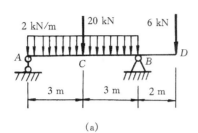

(a)

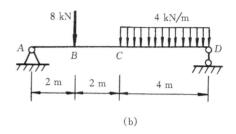

(b)

F_s 图 ＿＿＿＿＿＿＿＿＿＿＿＿＿＿＿

F_s 图 ＿＿＿＿＿＿＿＿＿＿＿＿＿＿＿

M 图 ＿＿＿＿＿＿＿＿＿＿＿＿＿＿＿

M 图 ＿＿＿＿＿＿＿＿＿＿＿＿＿＿＿

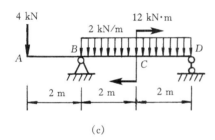

(c)

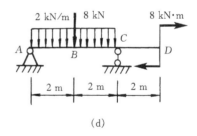

(d)

F_s 图 ＿＿＿＿＿＿＿＿＿＿＿＿＿＿＿

F_s 图 ＿＿＿＿＿＿＿＿＿＿＿＿＿＿＿

M 图 ＿＿＿＿＿＿＿＿＿＿＿＿＿＿＿

M 图 ＿＿＿＿＿＿＿＿＿＿＿＿＿＿＿

题 5.3 图

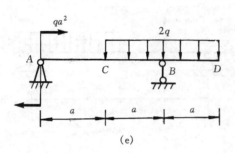

(e)

F_Q 图 _____

M 图 _____

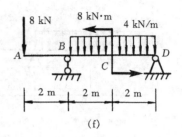

(f)

F_S 图 _____

M 图 _____

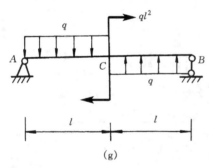

(g)

F_S 图 _____

M 图 _____

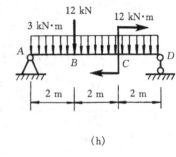

(h)

F_S 图 _____

M 图 _____

题 5.3 图(续)

5.4 用叠加法作下列各梁的弯矩图。

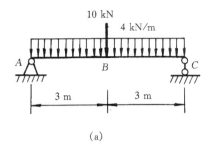

(a)

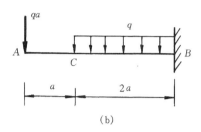

(b)

叠加过程 ————————————　　　叠加过程 ————————————

M 图 ————————————　　　M 图 ————————————

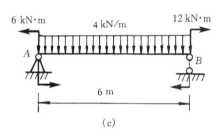

(c)

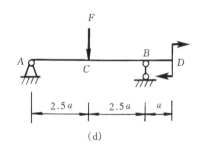

(d)

叠加过程 ————————————　　　叠加过程 ————————————

M 图 ————————————　　　M 图 ————————————

题 5.4 图

5.5　试作下列各梁的内力图。

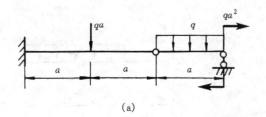

（a）

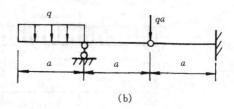

（b）

F_S 图 ＿＿＿＿＿＿＿＿＿＿＿＿＿＿

F_S 图 ＿＿＿＿＿＿＿＿＿＿＿＿＿＿

M 图 ＿＿＿＿＿＿＿＿＿＿＿＿＿＿

M 图 ＿＿＿＿＿＿＿＿＿＿＿＿＿＿

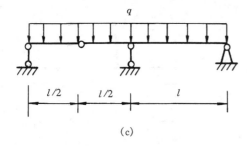

（c）

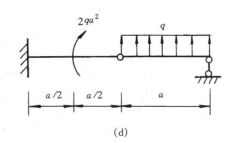

（d）

F_S 图 ＿＿＿＿＿＿＿＿＿＿＿＿＿＿

F_S 图 ＿＿＿＿＿＿＿＿＿＿＿＿＿＿

M 图 ＿＿＿＿＿＿＿＿＿＿＿＿＿＿

M 图 ＿＿＿＿＿＿＿＿＿＿＿＿＿＿

题 5.5 图

5.6 试根据载荷、剪力和弯矩间的关系改正图示剪力图和弯矩图中的错误。

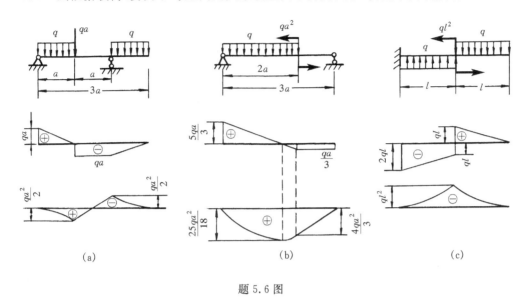

题 5.6 图

5.7 作图示四分之一圆弧形曲杆的轴力图、剪力图和弯矩图。

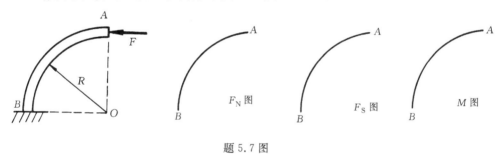

题 5.7 图

5.8 试作图示刚架的轴力图、剪力图和弯矩图。

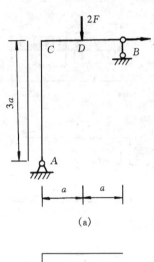

(a)

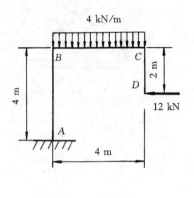

(b)

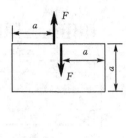

(c)

F_N 图

F_N 图

F_N 图

F_S 图

F_S 图

F_S 图

M 图

M 图

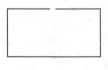

M 图

题 5.8 图

6　弯曲应力

6.1　【是非题】梁在纯弯曲时,变形后横截面保持为平面,且其形状、大小均保持不变。

（　　）

6.2　【是非题】图示梁的横截面,其弯曲截面系数 W_z 和惯性矩 I_z 分别为以下两式:

$$W_z = \frac{BH^2}{6} - \frac{bh^2}{6}$$　　　　（　　）

$$I_z = \frac{BH^3}{12} - \frac{bh^3}{12}$$　　　　（　　）

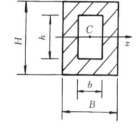

6.3　【是非题】梁在横力弯曲时,横截面上的最大切应力不一定发生在截面的中性轴上。

（　　）

6.4　【是非题】设梁的横截面为正方形,为增加弯曲截面系数,提高梁的强度,应使中性轴通过正方形的对角线。

（　　）

题 6.2 图

6.5　【是非题】杆件弯曲中心的位置只与截面的几何形状和尺寸有关,而与载荷无关。

（　　）

6.6　【选择题】设计钢梁时,宜采用中性轴为（　　）的截面;设计铸铁梁时,宜采用中性轴为（　　）的截面。

A.对称轴　　　　　　　　　　　B.偏于受拉边的非对称轴

C.偏于受压边的非对称轴　　　　D.对称或非对称轴

6.7　【选择题】图示两根矩形截面的木梁按两种方式拼成一组合梁(拼接的面上无粘胶),梁的两端受力偶矩 M_0 作用,以下结论中（　　）是正确的。

A.两种情况 σ_{max} 相同　　　　　　B.两种情况正应力分布形式相同

C.两种情况中性轴的位置相同　　　D.两种情况都属于纯弯曲

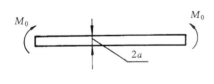

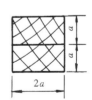

题 6.7 图

6.8　【选择题】非对称的薄壁截面梁承受横向力时,若要求梁只产生平面弯曲而不发生扭转,则横向力作用的条件是（　　）。

A.作用面与形心主惯性平面重合　　　B.作用面与形心主惯性平面平行

C.通过弯曲中心的任意平面　　　　　D.通过弯曲中心,且平行于形心主惯性平面

6.9 【填空题】截面的中性轴是＿＿＿＿＿＿与＿＿＿＿＿＿的交线，必通过截面的＿＿＿＿＿＿。

6.10 【填空题】梁的横截面面积为 A，弯曲截面系数为 W，衡量截面合理性和经济性的指标是＿＿＿＿＿＿。

6.11 【填空题】梁的横截面若有对称轴，弯曲中心必在＿＿＿＿＿＿上；若梁的横截面是由两个狭长矩形所组成，则弯曲中心必在＿＿＿＿＿＿＿＿＿＿＿＿＿＿＿＿。

6.12 长度为 250 mm、横截面尺寸为 $b \times h = 25\,\text{mm} \times 0.8\,\text{mm}$ 的薄钢尺，由于两端外力偶矩的作用而弯成圆心角为 60° 的圆弧。已知材料的弹性模量为 $E = 200\,\text{GPa}$，试求钢尺中的最大正应力。

6.13 图示矩形截面悬臂梁，试求 Ⅰ-Ⅰ 截面和 Ⅱ-Ⅱ 截面上 A、B、C、D 四点的正应力。

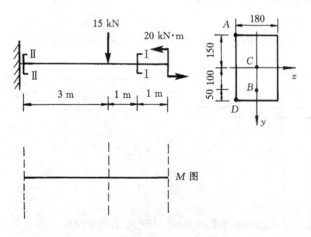

题 6.13 图

6.14 图示圆轴的外伸部分为空心圆截面,试作此梁的弯矩图,并求轴内的最大正应力。

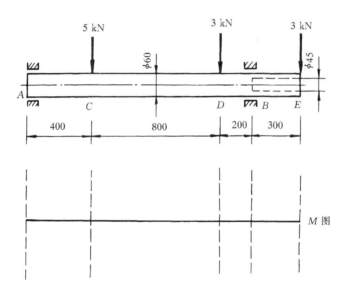

题 6.14 图

6.15　图示工字钢外伸梁,$l=4$ m,$q=20$ kN/m,$F=10$ kN,材料的$[\sigma]=160$ MPa,$[\tau]=100$ MPa,试选择工字钢型号。

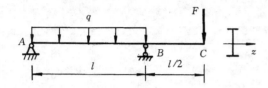

F_{S} 图

M 图

题 6.15 图

6.16　图示矩形截面钢梁,已知 $q=20\,\text{kN/m}$，$F=20\,\text{kN}$，$M=20\,\text{kN}\cdot\text{m}$，$[\sigma]=200\,\text{MPa}$，$[\tau]=60\,\text{MPa}$，试校核梁的强度。

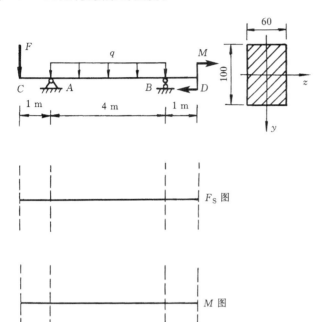

题 6.16 图

6.17 图示 T 形截面铸铁悬臂梁。若材料的$[\sigma^+]=40\,\text{MPa}$，$[\sigma^-]=160\,\text{MPa}$，截面对形心轴 z 的 $I_z=1.018\times10^8\,\text{mm}^4$，$y_1=96.4\,\text{mm}$。试求该梁的许可载荷$[F]$。

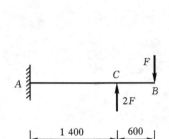
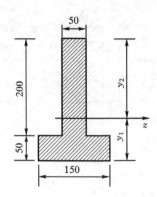

题 6.17 图

6.18 梁的受力及横截面尺寸如图所示。试求:(1)梁的剪力图和弯矩图;(2)梁内最大拉应力与最大压应力;(3)梁内最大切应力。

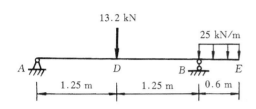
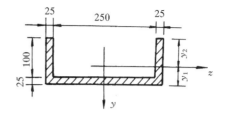

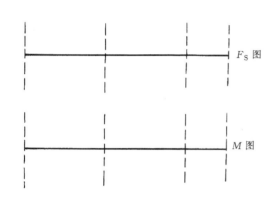

题 6.18 图

6.19　起重机下的梁由两根工字钢组成,起重机自重 $F_1 = 50$ kN,起吊重量 $F = 10$ kN。梁的许用应力 $[\sigma] = 160$ MPa,$[\tau] = 100$ MPa。若不考虑梁的自重,试按正应力强度条件选定工字钢型号,然后再按切应力强度条件进行校核。

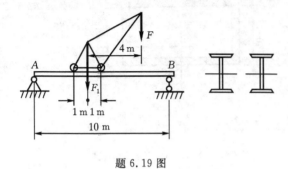

题 6.19 图

7　弯曲变形

7.1 【是非题】梁内弯矩为零的横截面其挠度也为零。　　　　　　　　（　　）

7.2 【是非题】梁的最大挠度处横截面转角一定等于零。　　　　　　　（　　）

7.3 【是非题】绘制挠曲线的大致形状,既要根据梁的弯矩图,也要考虑梁的支承条件。
　　　　　　　　　　　　　　　　　　　　　　　　　　　　　　　　（　　）

7.4 【是非题】静不定梁的基本静定系必须是静定的和几何不变的。　　（　　）

7.5 【是非题】温度应力和装配应力都将使静不定梁的承载能力降低。　（　　）

7.6 【选择题】等截面直梁在弯曲变形时,挠曲线曲率最大发生在(　　)处。

A.挠度最大　　　　　　　　　　B.转角最大

C.剪力最大　　　　　　　　　　D.弯矩最大

7.7 【选择题】将桥式起重机的主钢梁设计成两端外伸的外伸梁较简支梁有利,其理由是(　　)。

A.减小了梁的最大弯矩值

B.减小了梁的最大剪力值

C.减小了梁的最大挠度值

D.增加了梁的抗弯刚度值

(a)

7.8 【选择题】图示两梁的抗弯刚度 EI 相同,载荷 q 相同,则下列结论中正确的是(　　)。

A.两梁对应点的内力和位移相同

B.两梁对应点的内力和位移不同

C.内力相同,位移不同

D.内力不同,位移相同

(b)

题 7.8 图

7.9 【选择题】图示三梁中 w_a、w_b、w_c 分别表示图(a)、(b)和(c)的中点位移,则下列结论中正确的是(　　)。

A. $w_a = w_b = 2w_c$ 　　　　　　B. $w_a > w_b = w_c$

C. $w_b > w_a > w_c$ 　　　　　　D. $w_a \neq w_b = 2w_c$

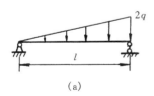 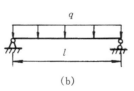 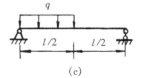

题 7.9 图

7.10 　**【选择题】**为提高梁的弯曲刚度,可通过(　　)来实现。

A. 选择优质材料

B. 合理安置梁的支座,减小梁的跨长

C. 减少梁上作用的载荷

D. 选择合理截面形状

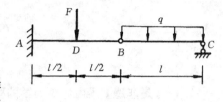

题 7.11 图

7.11 　**【填空题】**用积分法求图示梁的挠曲线方程时,需要应用的边界条件是_____;连续条件是_____。

7.12 　试用积分法求图示各梁的挠曲线方程、最大挠度和最大转角,EI 为常数。

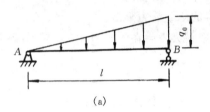

(a)

题 7.12 图

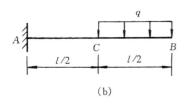

（b）

题 7.12 图（续）

7.13　试用积分法求图示各外伸梁的 θ_A、θ_C 及 w_C、w_D，EI 为常量。

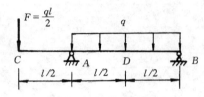

题 7.13 图

7.14 试用叠加法求图示各梁的 θ_C 和 w_C，EI 为常量。

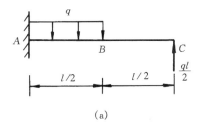

(a)

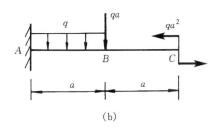

(b)

题 7.14 图

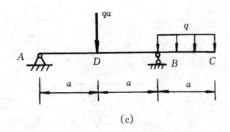

(c)

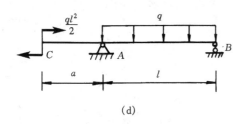

(d)

题 7.14 图(续)

7.15 求图示梁中的 θ_A、$\theta_{B左}$、$\theta_{B右}$ 及 w_D、w_B，EI 为常量。

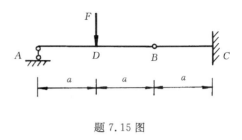

题 7.15 图

7.16 图示简支梁由两根 22a 槽钢组成。$l = 4\,\text{m}$，$q = 10\,\text{kN/m}$，$E = 200\,\text{GPa}$，$[\sigma] = 100\,\text{MPa}$，$[f] = \dfrac{l}{1\,000}$，试校核该梁强度和刚度(考虑自重的影响)。

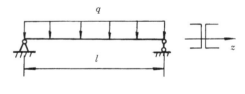

题 7.16 图

7.17 试求图示各超静定梁的支座约束力,并画出剪力图和弯矩图,EI 为常量。

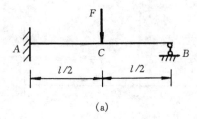

(a)

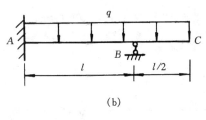

(b)

题 7.17 图

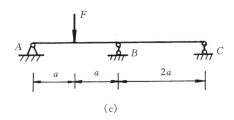

（c）

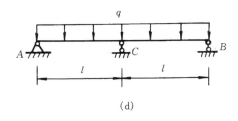

（d）

题 7.17 图（续）

7.18　图示梁 AB 的抗弯刚度为 EI，拉杆 CD 的抗拉刚度为 EA，且 $I=Al^2$，试求杆 CD 所受的轴力。

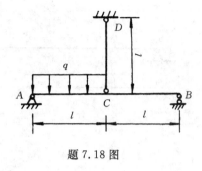

题 7.18 图

7.19　图示悬臂梁的抗弯刚度 $EI=30\,\mathrm{kN\cdot m^2}$，弹簧的刚度 $k=175\,\mathrm{kN/m}$。若梁与弹簧间的空隙 $\delta=1.25\,\mathrm{mm}$，当力 $F=450\,\mathrm{N}$ 作用于梁的自由端时，试问弹簧将分担多大的力？

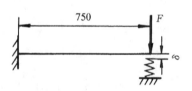

题 7.19 图

8　应力和应变分析

8.1 【是非题】纯剪切单元体属于单向应力状态。　　　　　　　　　　　　（　　）

8.2 【是非题】纯弯曲梁上任一点的单元体均属于二向应力状态。　　　　（　　）

8.3 【是非题】不论单元体处于何种应力状态,其最大切应力均等于$\frac{\sigma_1-\sigma_3}{2}$。　（　　）

8.4 【是非题】构件上一点处沿某方向的正应力为零,则该方向的线应变也为零。（　　）

8.5 【是非题】在单元体上叠加一个三向等拉应力状态后,其形状改变比能改变。（　　）

8.6 【选择题】过受力构件内任一点,取截面的不同方位,各个面上的（　　）。

A. 正应力相同,切应力不同　　　　　　B. 正应力不同,切应力相同

C. 正应力相同,切应力相同　　　　　　D. 正应力不同,切应力不同

8.7 【选择题】在单元体的主平面上（　　）。

A. 正应力一定最大　　　　　　　　　　B. 正应力一定为零

C. 切应力一定最小　　　　　　　　　　D. 切应力一定为零

8.8 【选择题】当三向应力圆成为一个圆时,主应力一定满足（　　）。

A. $\sigma_1=\sigma_2$　　　　　　　　　　　　B. $\sigma_2=\sigma_3$

C. $\sigma_1=\sigma_3$　　　　　　　　　　　　D. $\sigma_1=\sigma_2$ 或 $\sigma_2=\sigma_3$

8.9 【选择题】图示单元体,已知正应力为σ,切应力为$\tau=\dfrac{\sigma}{2}$。下列结果中正确的是（　　）。

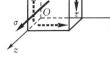

题 8.9 图

A. $\tau_{\max}=\dfrac{3}{4}\sigma,\ \varepsilon_z=\dfrac{\sigma}{E}$　　　　B. $\tau_{\max}=\dfrac{3}{2}\sigma,\ \varepsilon_z=\dfrac{\sigma}{E}(1-\mu)$

C. $\tau_{\max}=\dfrac{1}{2}\sigma,\ \varepsilon_z=\dfrac{\sigma}{E}$　　　　D. $\tau_{\max}=\dfrac{1}{2}\sigma,\ \varepsilon_z=\dfrac{\sigma}{E}\left(1-\dfrac{\mu}{2}\right)$

8.10 【选择题】以下结论中（　　）是错误的。

A. 若 $\sigma_1+\sigma_2+\sigma_3=0$,则没有体积改变

B. 若 $\sigma_1=\sigma_2=\sigma_3=\sigma$,则没有形状改变

C. 若 $\sigma_1=\sigma_2=\sigma_3=0$,则既无体积改变,也无形状改变

D. 若 $\sigma_1>\sigma_2>\sigma_3$,则必定既有体积改变,又有形状改变

8.11 【选择题】以下几种受力构件中,只产生体积改变比能的是（　　）;只产生形状改变比能的是（　　）。

A. 受均匀内压的空心圆球　　　　　　B. 纯扭转的圆轴

C. 轴向拉伸的等直杆　　　　　　　　D. 三向等压的地层岩块

8.12 【填空题】研究构件内某一点处应力状态的目的是_____

_____。

8.13 【填空题】设单向拉伸等直杆横截面上的正应力为σ,则杆内任一点处的最大正应

力和最大切应力分别为＿＿＿＿＿＿＿＿＿＿＿＿＿＿＿＿＿。

8.14　【填空题】 图示各单元体(应力单位 MPa)属于何种应力状态,图(a)＿＿＿＿＿＿＿,
图(b)＿＿＿＿＿＿＿。

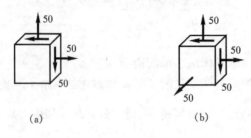

（a）　　　　　　　　　　　（b）

题 8.14 图

8.15　【填空题】 试画出图示各应力圆所对应的单元体并指出其应力状态:图(a)＿＿＿＿
＿＿,图(b)＿＿＿＿＿＿＿,图(c)＿＿＿＿＿＿＿。

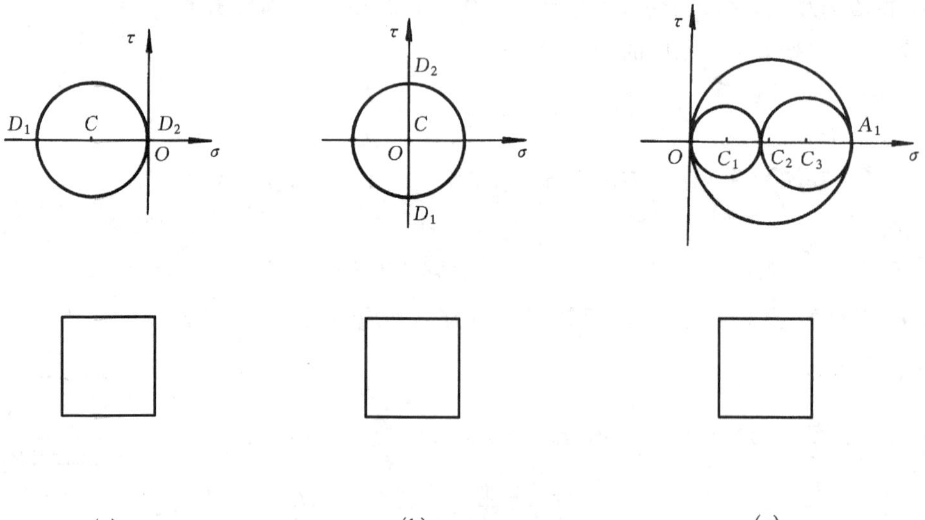

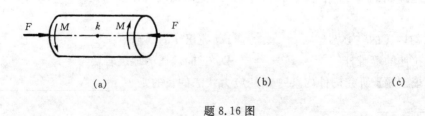

（a）　　　　　　　　　　（b）　　　　　　　　　　（c）

题 8.15 图

8.16　【引导题】 图 8.16(a)示直径为 $D＝40$ mm 的实心轴承受力 $F＝50$ kN 和力偶矩
$M＝400$ N·m的联合作用。(1)计算危险点的应力值,并画出危险点的单元体;(2)求该单元
体的主应力大小、主平面方位,并画出主单元体;(3)求该单元体的最大切应力。

（a）　　　　　　　　　　　（b）　　　　　　　　　　（c）

题 8.16 图

解　（1）根据轴向压缩和扭转应力分布规律,可知危险点在横截面边缘上各点,取边缘上一点 k 画出单元体图(b),并计算该点的应力分量

$\sigma_x =$ ＿＿＿＿＿＿＿＿＿＿＿＿＿＿＿＿＿＿＿＿

$\tau_x =$ ＿＿＿＿＿＿＿＿＿＿＿＿＿＿＿＿＿＿＿＿

（2）作应力圆图(c),并量得主应力、主平面分别为＿＿＿＿＿＿＿＿＿＿＿＿, ＿＿＿＿＿＿＿＿＿＿＿＿；＿＿＿＿＿＿＿＿＿＿＿。由应力圆可清楚看出＿＿＿＿＿＿＿＿＿对应 σ_1 所在平面。在图(b)中画出主单元体。

（3）最大切应力 $\tau_{max} =$ ＿＿＿＿＿＿＿＿＿＿＿＿＿＿＿＿＿＿＿。

8.17　试用解析法求图示各单元体中斜截面 ab 上的应力,应力单位为 MPa。

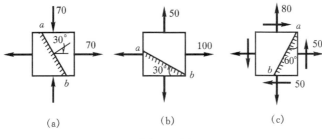

| (a) | (b) | (c) |

题 8.17 图

8.18　图示已知应力状态中应力单位为 MPa。试用解析法求：(1)主应力的大小和主平面的位置；(2)在单元体上绘出主平面的位置及主应力方向；(3)最大切应力。

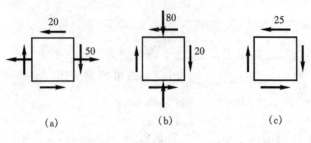

题 8.18 图

8.19 图示锅炉的内径 $d=1$ m，壁厚 $\delta=10$ mm，内受蒸汽压力 $p=3$ MPa。试求：(1)壁内主应力 σ_1、σ_2 及最大切应力 τ_{max}；(2)斜截面 ab 上的正应力及切应力。

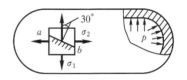

题 8.19 图

8.20 已知应力状态如图所示，应力单位为 MPa。试用图解法求：(1)主应力的大小和主平面的位置；(2)在单元体上绘出主平面的位置及主应力方向；(3)最大切应力。

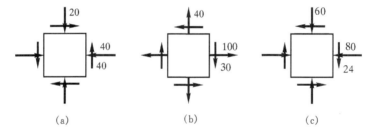

题 8.20 图

8.21　在通过一点的两个平面上应力如图所示，应力单位为 MPa。试求主应力的数值和主平面的位置。

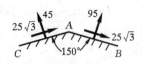

题 8.21 图

8.22　试求图示各应力状态的主应力及最大切应力，应力单位为 MPa。

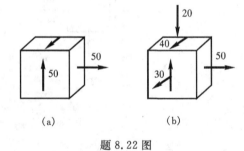

(a)　　　　　(b)

题 8.22 图

8.23 用电阻应变仪测得图示空心钢轴表面某点处与母线成 $45°$ 方向上线应变 $\varepsilon = 2.0 \times 10^{-4}$，已知该轴转速为 120 r/min，$G = 80$ GPa，试求轴所传递的功率 P。

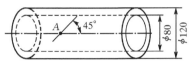

题 8.23 图

8.24 在一体积较大的钢块上开一个贯穿的槽如图所示，其宽度和深度都是 10 mm。在槽内紧密无隙地嵌入一 10 mm $\times$ 10 mm $\times$ 10 mm 的铝质立方块。当铝块受到 $F = 6$ kN 作用时，求铝块的三个主应力及相应的变形。假设钢块不变形，铝块的材料常数为 $E = 70$ GPa，$\mu = 0.33$。

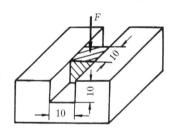

题 8.24 图

8.25　图示通过专用压力机在 $70\text{ mm}\times70\text{ mm}\times70\text{ mm}$ 的方块 $ABCD$ 的四个面上作用有均匀分布的压力。若 $F=50\text{ kN}$,方块的材料常数为 $E=200\text{ GPa}$,$\mu=0.30$,求方块单位体积的体积改变 θ。

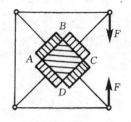

题 8.25 图

8.26　在图示矩形截面梁中,测得在 C 截面中性层上 k 点处沿 $45°$ 方向的线应变为 $\varepsilon_{45°}=-8.4\times10^{-5}$。已知:$h=120\text{ mm}$,$b=40\text{ mm}$,$l=1.5\text{ m}$,$E=200\text{ GPa}$,$\mu=0.3$。试求载荷 F 之值。

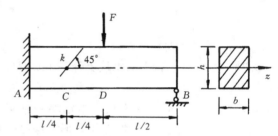

题 8.26 图

9　强度理论

9.1　【是非题】材料的破坏形式由材料的种类而定。（　　）

9.2　【是非题】不能直接通过实验来建立复杂应力状态下的强度条件。（　　）

9.3　【是非题】强度理论只能用于复杂应力状态。（　　）

9.4　【选择题】以下四种受力构件,需用强度理论进行强度校核的是（　　）。

A. 承受水压力作用的无限长水管　　B. 承受内压力作用的两端封闭的薄壁圆筒

C. 自由扭转的圆轴　　　　　　　　D. 齿轮传动轴

9.5　【选择题】对于危险点为二向拉伸应力状态的铸铁构件,应使用（　　）强度理论进行计算。

A. 第一　　　　　　　　　　　　B. 第二

C. 第一和第二　　　　　　　　　D. 第三和第四

9.6　【选择题】图示两危险点应力状态,其中 $\sigma=\tau$,按第四强度理论比较危险程度,则（　　）。

A. a 较危险　　　　　　　　　　B. 两者危险程度相同

C. b 较危险　　　　　　　　　　D. 不能判断

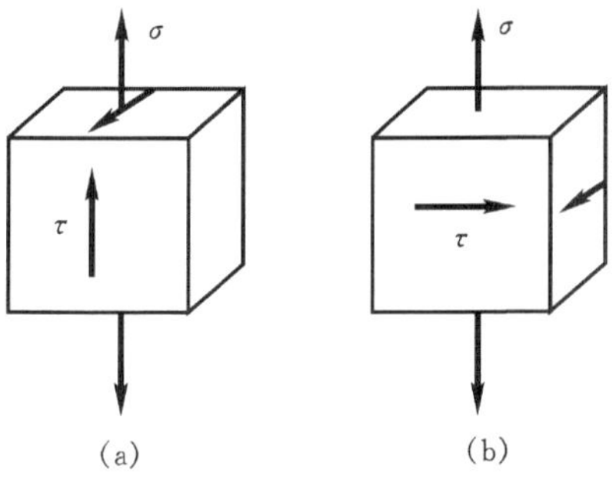

题 9.6 图 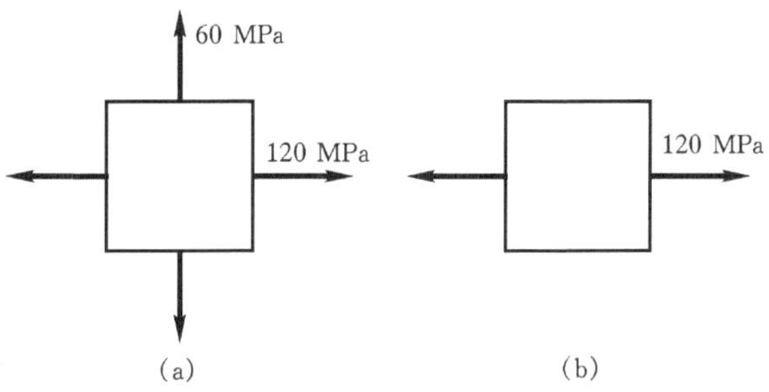　　　　　　　　　　题 9.7 图

9.7　【选择题】图示两危险点应力状态,按第三强度理论比较危险程度,则（　　）。

A. a 较危险　　　　　　　　　　B. 两者危险程度相同

C. b 较危险　　　　　　　　　　D. 不能判断

9.8　【填空题】强度理论是关于＿＿＿＿＿＿＿＿＿＿＿的假说。

9.9　【填空题】材料的破坏形式大致可分为＿＿＿＿＿＿和＿＿＿＿＿＿两种类型。

9.10　【填空题】在复杂应力状态下,应根据＿＿＿＿＿＿＿＿＿＿和＿＿＿＿＿＿选择合适的强度理论进行强度计算。

9.11　【填空题】对纯剪切应力状态,按第一和第三强度理论确定出材料的许用切应力 $[\tau]$ 和许用正应力 $[\sigma]$ 之间的关系分别为＿＿＿＿＿＿和＿＿＿＿＿＿。

9.12 【引导题】已知锅炉的内径 $D=1$ m，锅炉内部的蒸汽压强 $p=3.6$ MPa，材料的许用应力 $[\sigma]=160$ MPa，试按第四强度理论设计锅炉圆筒部分的壁厚 δ。

解 先假设锅炉为薄壁容器，在内压作用下，圆筒部分筒壁上一点的主应力为

$$\sigma_1 = \underline{\hspace{3cm}} , \sigma_2 = \underline{\hspace{3cm}} , \sigma_3 = \underline{\hspace{3cm}}$$

按第四强度理论建立强度条件

$$\sigma_{r4} = \underline{\hspace{9cm}} \leqslant [\sigma]$$

求解得　　$\delta = \underline{\hspace{3cm}}$

计算 $\dfrac{D}{\delta} = \underline{\hspace{3cm}} > 20$，故可以看作薄壁容器。

9.13 车轮与钢轨的接触点处的主应力为 $\sigma_1 = -800$ MPa，$\sigma_2 = -900$ MPa，$\sigma_3 = -1100$ MPa。若 $[\sigma]=300$ MPa，试对接触点作强度校核。

9.14 两端封闭的铸铁薄壁圆筒，其直径 $D=100$ mm，壁厚 $\delta=5$ mm。材料许用应力 $[\sigma]=40$ MPa，泊松比 $\mu=0.30$，试用强度理论确定可以承受的内压强 p。

9.15 铸铁薄壁管如图所示。管的外径为 200mm，壁厚 $t=15$mm，内压 $p=4$MPa，$F=200$kN。铸铁的抗拉及抗压许用应力分别为$[\sigma_t]=30$MPa，$[\sigma_c]=120$MPa，$\mu=0.25$。试用第二强度理论及莫尔理论校核薄壁管的强度。

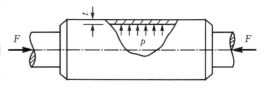

题 9.15 图

9.16 采用第三强度理论对图示简支梁进行全面强度校核，已知$[\sigma]=160$ MPa。

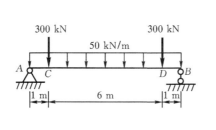

题 9.16 图

9.17 T形截面铸铁梁的载荷和截面尺寸如图所示，其中 $q=4$kN/m，$a=1$m，铸铁的抗拉许用应力为$[\sigma_t]=30$MPa，抗压许用应力为$[\sigma_c]=160$MPa，试用莫尔强度理论校核该梁 B 截面上腹板与翼缘交界处 b 点的强度。

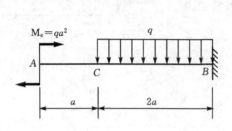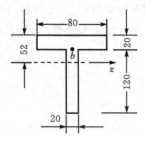

题 9.17 图

10　组合变形

10.1　【是非题】斜弯曲时,危险截面上的危险点是距形心主轴最远的点。　　　　（　　）

10.2　【是非题】工字形截面梁发生偏心拉伸变形时,其最大拉应力一定在截面的角点处。　　　　（　　）

10.3　【是非题】对于偏心拉伸或者偏心压缩杆件,都可以采用限制偏心矩的方法,以达到使全部截面上都不出现拉应力的目的。　　　　（　　）

10.4　【是非题】直径为 d 的圆轴,其危险截面上同时承受弯矩 M、扭矩 T 及轴力 F_N 的作用。若按第三强度理论计算,则危险点处的 $\sigma_{r3} = \sqrt{\left(\dfrac{32M}{\pi d^3} + \dfrac{4F_N}{\pi d^2}\right)^2 + \left(\dfrac{32T}{\pi d^3}\right)^2}$。　　　　（　　）

10.5　【是非题】图示矩形截面梁,其最大拉应力发生在固定端截面的 a 点处。　　　　（　　）

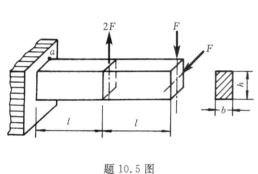

题 10.5 图

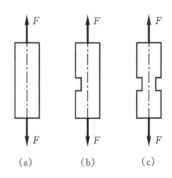

题 10.6 图

10.6　【选择题】图(a)杆件承受轴向拉力 F,若在杆上分别开一侧、两侧切口如图(b)、图(c)所示。令杆(a)、(b)、(c)中的最大拉应力分别为 σ_{1max}、σ_{2max} 和 σ_{3max},则下述结论中（　　）是错误的。

A. σ_{1max} 一定小于 σ_{2max} 　　　B. σ_{1max} 一定小于 σ_{3max}

C. σ_{3max} 一定大于 σ_{2max} 　　　D. σ_{3max} 可能小于 σ_{2max}

10.7　【选择题】梁发生斜弯曲时,下列与横截面上中性轴性质有关的结论中,错误的是（　　）。

A. 中性轴上的正应力必为零　　　　B. 中性轴必与挠曲平面垂直

C. 中性轴必与荷载作用面垂直　　　D. 中性轴必通过横截面的形心

10.8　【选择题】对于偏心压缩的杆件,下述结论中（　　）是错误的。

A. 截面核心是指保证中性轴不穿过横截面的、位于截面形心附近的一个区域

B. 中性轴是一条不通过截面形心的直线

C. 外力作用点与中性轴始终处于截面形心的相对两边

D. 截面核心与截面的形状、尺寸及载荷大小有关

10.9　【填空题】图示圆截面折杆在 A 点受竖直向下的集中力 F_1 和水平集中力 F_2 作用,各段杆产生的变形为:AB 段_____,BC 段_____,CD 段_____。

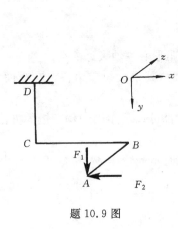

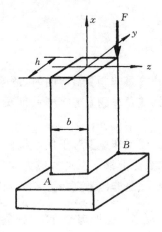

题 10.9 图　　　　　　　　　　　　题 10.10 图

10.10　【填空题】矩形截面杆件承受载荷如图所示。固定端截面上 A、B 两点的应力为 $\sigma_A=$_____,$\sigma_B=$_____。

10.11　【引导题】钢制圆轴如图(a)所示。皮带轮 A、B 的直径均为 1 m,其上松边和紧边拉力如图中所注,轮 A 和轮 B 自重均为 5 kN。已知圆轴材料的$[\sigma]=80$ MPa,试按第三强度理论选择轴的直径 d。

解　1. 载荷向截面形心处简化。

(1) 两轮自重载荷 5 kN 过截面形心,无需简化;

(2) A 轮水平拉力向形心简化为

$\qquad 5+2=7$ kN 的水平作用力和 $M_A=(5-2)\times\dfrac{1}{2}=1.5$ kN·m 的外力偶矩;

(3) B 轮竖向拉力向形心简化为

$\qquad 5+2=7$ kN 的竖向作用力和 $M_B=1.5$ kN·m 的外力偶矩。

2. 根据截荷简化图求出其相应支座约束力并作相应的内力图。

C、D 支座处水平约束力和竖向约束力如图(b)中所示;

轴 AB 段受扭,作扭矩 T 图(c);

在铅垂平面(xy 面)内,轴 AD 受竖向力作用引起弯曲,作弯矩 M_z 图(d);

在水平面(xz 面)内,轴 AD 受水平力作用引起弯曲,作弯矩 M_y 图(e)。

3. 判断危险截面及其相应的弯矩和扭矩。

由图(c)、图(d)、图(e)可以看出,B、C 截面均有可能是危险截面,其扭矩均为

$$T=\underline{\hspace{6cm}}$$

其总弯矩为

$$M_B=\underline{\hspace{6cm}}$$

$$M_C=\underline{\hspace{6cm}}$$

故_____截面为危险截面,其合成弯矩如图(f)、图(g)所示。

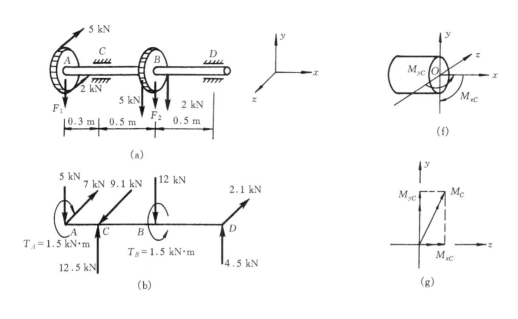

题 10.11 图

4. 由第三强度理论确定轴的直径 d。

$\sigma_{r3} = $ ＿＿＿＿＿＿＿＿＿＿＿＿＿＿

$d \geqslant$ ＿＿＿＿＿＿＿＿＿＿

故取轴的直径 $d = $ ＿＿＿＿＿＿＿＿＿。

10.12 一楼梯木斜梁,其长度 $l=4$ m,截面为矩形,$q=2$ kN/m。试作此梁的轴力图和弯矩图,并求横截面上的最大拉应力和最大压应力。

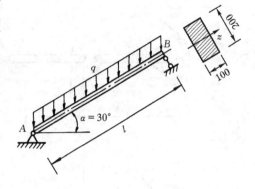

题 10.12 图

10.13 图示悬臂梁由 25b 工字钢制成,受图示载荷作用。已知 $q=3$ kN/m, $F=4$ kN, $l=3$ m, $[\sigma]=170$ MPa,试校核其强度。

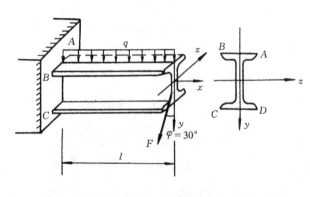

题 10.13 图

10.14 杆(a)和杆(b)尺寸如图示,分别求出两杆中的最大压应力并作比较。(*A* 为载荷作用点)

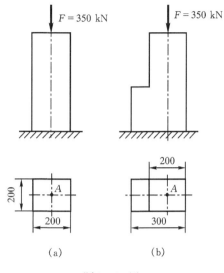

题 10.14 图

10.15 一圆截面直杆受偏心拉力作用,其偏心距 $e=20$ mm,杆的直径 $d=70$ mm,许用应力$[\sigma]=120$ MPa,试求此杆所能承受的许可偏心拉力值。

10.16　图示水塔连同基础共重 $W=4\,000$ kN,水塔受水平风力的合力 $F=60$ kN,F 距地面高度 $H=15$ m,基础入土深度 $h=3$ m。设土的许用压应力$[\sigma^-]=300$ kPa,基础的直径 $d=5$ m,试校核土壤的承载能力。

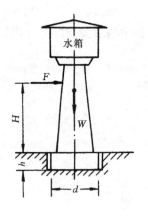

题 10.16 图

10.17　手摇绞车如图所示,轴直径 $d=30$ mm,材料的许用应力$[\sigma]=80$ MPa。试按第三强度理论求绞车的最大起吊重量 F。

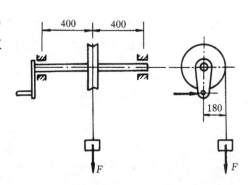

题 10.17 图

10.18　图示皮带轮传动轴,传递功率 $P=7$ kW,转速 $n=200$ r/min,皮带轮重量 $W=1.8$ kN。左端齿轮上啮合力 F_a 与齿轮节圆切线的夹角(压力角)为 $20°$,轴材料许用应力 $[\sigma]=80$ MPa。试分别按第三和第四强度理论设计轴的直径。

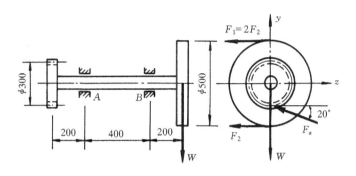

题 10.18 图

10.19　曲拐 $OABC$ 如图示,已知 $F=20$ kN,其方向与折杆平面垂直。杆 OA 直径 $d=125$ mm,许用应力 $[\sigma]=80$ MPa,试校核圆轴 OA 的强度。

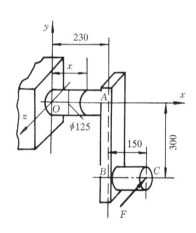

题 10.19 图

10.20　水平放置的钢制折杆如图所示，在 B、D 处各受竖直向下的集中力 $F_1 = 0.5$ kN 和 $F_2 = 1$ kN作用。已知材料的许用应力 $[\sigma] = 160$ MPa。（1）试根据第三强度理论计算折杆所需的直径 d；（2）若折杆采用直径 $d = 40$ mm，并在 B 点再施加一个水平集中力 $F_3 = 20$ kN（图中虚线所示），试校核该折杆的强度。

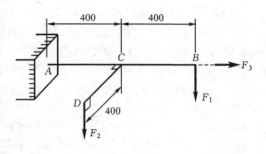

题 10.20 图

10.21　如图所示圆轴受到弯矩 M 和扭矩 T 作用，由实验测得表面最低点 A 沿轴线方向的线应变 $\varepsilon_{0°} = 5 \times 10^{-4}$，在水平直径所在平面的表面点 B 沿与轴线成 $45°$方向的线应变 $\varepsilon_{45°} = 4.5 \times 10^{-4}$。已知圆轴的抗弯截面模量 $W = 600$ mm³，$E = 200$ GPa，泊松比 $\mu = 0.25$，许用应力 $[\sigma] = 160$ MPa，试求弯矩 M 和扭矩 T，并按第四强度理论进行强度校核。

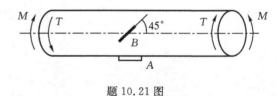

题 10.21 图

11　压杆稳定

11.1　【是非题】由于失稳或由于强度不足而使构件不能正常工作,两者之间的本质区别在于:前者构件的平衡是不稳定的,而后者构件的平衡是稳定的。　　　　　　　　　（　　）

11.2　【是非题】压杆失稳的主要原因是临界压力或临界应力,而不是外界干扰力。
　　　　　　　　　　　　　　　　　　　　　　　　　　　　　　　　　　　　（　　）

11.3　【是非题】压杆的临界压力(或临界应力)与作用载荷大小有关。　　　　（　　）

11.4　【是非题】两根材料、长度、截面面积和约束条件都相同的压杆,其临界压力也一定相同。　　　　　　　　　　　　　　　　　　　　　　　　　　　　　　　　　　　　（　　）

11.5　【是非题】压杆的临界应力值与材料的弹性模量成正比。　　　　　　　（　　）

11.6　【选择题】在杆件长度、材料、约束条件和横截面面积等条件均相同的情况下,压杆采用图（　　　）所示的截面形状,其稳定性最好;而采用图（　　　）所示的截面形状,其稳定性最差。

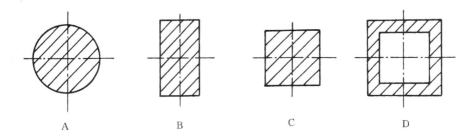

A　　　　　　　　B　　　　　　　　C　　　　　　　　D

题 11.6 图

11.7　【选择题】一方形横截面的压杆,若在其上钻一横向小孔(如图所示),则该杆与原来相比（　　　）。

A. 稳定性降低,强度不变

B. 稳定性不变,强度降低

C. 稳定性和强度都降低

D. 稳定性和强度都不变

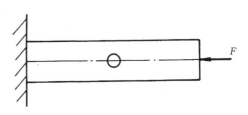

题 11.7 图

11.8　【选择题】若在强度计算和稳定性计算中取相同的安全系数,则在下列说法中,（　　　）是正确的。

A. 满足强度条件的压杆一定满足稳定性条件

B. 满足稳定性条件的压杆一定满足强度条件

C. 满足稳定性条件的压杆不一定满足强度条件

D. 不满足稳定性条件的压杆一定不满足强度条件

11.9 【**选择题**】如图所示长方形截面压杆，$b/h=1/2$；如果将 b 改为 h 后仍为细长杆，临界力是原来的(　　　)倍。

A. 2 倍　　　　　B. 4 倍　　　　　C. 8 倍　　　　　D. 16 倍

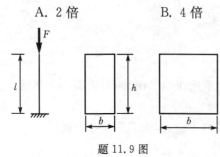

题 11.9 图

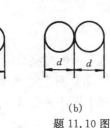

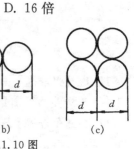

(a)　　　　(b)　　　　(c)

题 11.10 图

11.10 【**填空题**】三根材料、长度、杆端约束条件均相同的细长压杆，各自的横截面形状如图所示，其临界应力之比为_____，临界压力之比为_____。

11.11 【**填空题**】由 5 根直径、材料相同的细长杆组成的正方形桁架及其受力情况如图(a)所示。若仅将拉力 F 改为压力(图(b))，则结构的临界压力是原来的_____倍。

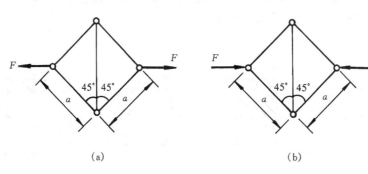

(a)　　　　　　　　　(b)

题 11.11 图

11.12 【**填空题**】在稳定性计算中，计算中长杆的临界应力时，如果误用了细长杆的欧拉公式，其结果是偏于_____的，因为计算值比实际的临界应力值偏_____；计算细长杆的临界应力时，如果误用了中长杆的直线公式，其结果是偏于_____的，因为计算值比实际的临界应力值偏_____。

11.13 【**引导题**】三根直径均为 $d=160\ \text{mm}$ 的圆截面压杆，其长度及支承情况如图所示。材料均为 Q235 钢，$E=206\ \text{GPa}$，$\sigma_\text{p}=200\ \text{MPa}$，$\sigma_\text{s}=235\ \text{MPa}$。试求各杆的临界应力和临界压力。

解　(1)计算各杆柔度

圆截面的惯性半径 $i=$_____ =

_____；

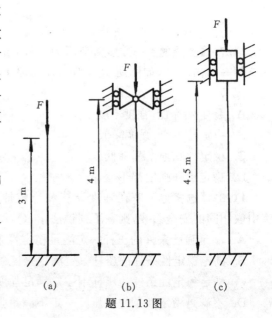

题 11.13 图

（a）杆的长度系数 $\mu=$ ＿＿＿＿＿，

　　柔度 $\lambda_1=$ ＿＿＿＿＿＝＿＿＿＿＿；

（b）杆的长度系数 $\mu=$ ＿＿＿＿＿，

　　柔度 $\lambda_2=$ ＿＿＿＿＿＝＿＿＿＿＿；

（c）杆的长度系数 $\mu=$ ＿＿＿＿＿，柔度 $\lambda_3=$ ＿＿＿＿＿＝＿＿＿＿＿。

（2）确定柔度界限值

　　$\lambda_p=$ ＿＿＿＿＿＝＿＿＿＿＿，

查表得 Q235 钢的 $a=304$ MPa，$b=1.12$ MPa，

　　$\lambda_s=$ ＿＿＿＿＿＝＿＿＿＿＿。

（3）判断压杆类型，选择相应计算公式

因为 $\lambda_1>\lambda_p$，所以＿＿＿＿＿杆为＿＿＿＿＿，采用＿＿＿＿＿，

　　$\sigma_{cr1}=$ ＿＿＿＿＿＝＿＿＿＿＿，$F_{cr1}=$ ＿＿＿＿＿＝＿＿＿＿＿；

因为 $\lambda_s<\lambda_2<\lambda_p$，所以＿＿＿＿＿杆为＿＿＿＿＿，采用＿＿＿＿＿，

　　$\sigma_{cr2}=$ ＿＿＿＿＿＝＿＿＿＿＿，$F_{cr2}=$ ＿＿＿＿＿＝＿＿＿＿＿；

因为 $\lambda_3<\lambda_s$，所以＿＿＿杆为＿＿＿＿＿，

　　$\sigma_{cr3}=$ ＿＿＿＿＿＝＿＿＿＿＿，$F_{cr3}=$ ＿＿＿＿＿＝＿＿＿＿＿。

11.14　图示横截面为矩形 $b\times h$ 的压杆，两端用柱形铰联接（在 xy 平面内弯曲时，可视为两端铰支，在 xz 平面内弯曲时，可视为两端固定）。压杆的材料为 Q235 钢，$E=200$ GPa，$\sigma_p=200$ MPa，求（1）当 $b=40$ mm，$h=60$ mm 时，压杆的临界压力；（2）欲使压杆在两个平面（xy 和 xz 平面）内失稳的可能性相同，求 b 与 h 的比值。

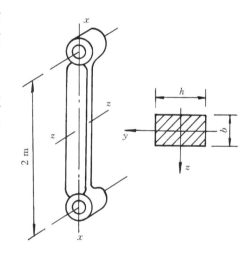

题 11.14 图

11.15　外径 $D=10$ cm，内径 $d=8$ cm 的钢管，在室温下进行安装，如图所示。装配后，钢管不受力。钢管材料为 45 钢，$E=210$ GPa，$\alpha=12.5\times10^{-6}$ 1/℃，$\sigma_p=200$ MPa，求温度升高多少时，钢管将丧失稳定。

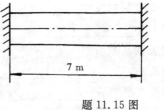

题 11.15 图

11.16　图示托架中杆 AB 的直径 $d=40$ mm，长度 $l=800$ mm，其两端可视为铰接，材料为 Q235 钢。若已知工作载荷 $F=70$ kN，杆 AB 的稳定安全系数 $n_{st}=2$，问此托架是否安全？

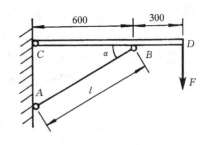

题 11.16 图

11.17 图(a)示一端固定、一端铰支的圆截面杆 AB，直径 $d=100$ mm。已知杆材料为 Q235 钢，$E=200$ GPa，$\sigma_p=200$ MPa，稳定安全系数 $n_{st}=2.5$。试求：(1) 许可载荷；(2) 为提高承载能力，在 AB 杆 C 处增加中间球铰链支承，把 AB 杆分成 AC、CB 两段，如图(b)所示。试问增加中间球铰链支承后，结构承载能力是原来的多少倍？

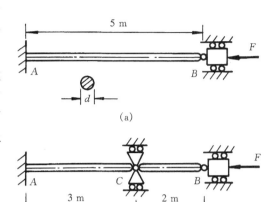

题 11.17 图

11.18 结构如图所示，杆 AB、折杆 BCD 及梁 DE 的截面均为圆形，且各杆材料相同，其弹性模量 $E=200$ GPa，$[\sigma]=160$ MPa，比例极限 $\sigma_p=200$ MPa，给定稳定安全因数 $n_{st}=3$。设已知 AB 杆直径 $d_{AB}=20$ mm，且要求折杆 BCD 与梁 DE 有相同的直径 d，载荷 F 可在 D、E 两点之间移动。若不必考虑刚度条件，试按最大承载能力设计直径 d。

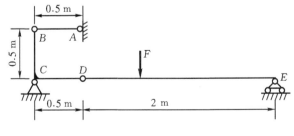

题 11.18 图

11.19　图示柱的材料为 3 号钢。$F=300$ kN，柱长 $l=$ 1.5 m，许用应力 $[\sigma]=160$ MPa。此柱在与柱脚接头的最弱截面处工字钢的翼缘上有 4 个直径 $d=20$ mm 的螺钉孔，试为此柱选择工字钢型号。

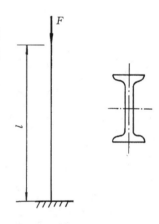

题 11.19 图

12 能 量 方 法

12.1 【选择题】设一梁在 n 个广义力 F_1，F_2，$\cdots$，F_n 共同作用下的外力功 $W = \frac{1}{2}\sum_{i=1}^{n} F_i \Delta_i$，则式中 Δ_i 为（　　）。

A. 广义力 F_i 在其作用处产生的挠度

B. 广义力 F_i 在其作用处产生的相应广义位移

C. n 个广义力在 F_i 作用处产生的挠度

D. n 个广义力在 F_i 作用处产生的广义位移

12.2 【选择题】一梁在集中力 F 作用下，其应变能为 V_ε。若将力 F 改为 $2F$，其他条件不变，则其应变能为（　　）。

A. $2V_\varepsilon$　　　　B. $4V_\varepsilon$　　　C. $8V_\varepsilon$　　　D. $16V_\varepsilon$

12.3 【选择题】卡氏定理有两个表达式：(a) $\Delta = \dfrac{\partial V_\varepsilon}{\partial F}$；(b) $\Delta = \displaystyle\int_l \dfrac{M(x)}{EI}\dfrac{\partial M(x)}{\partial F}\mathrm{d}x$。其中（　　）是正确的。

A. 式(a)适用于任何线弹性体，式(b)只适用于梁

B. 式(a)只适用于梁，式(b)适用于任何线弹性体

C. 式(a)、(b)均适用于任何线弹性体

D. 式(a)、(b)均只适用于梁

12.4 简支梁 AB 受力如图所示，B 处为弹性支承，弹簧的刚度为 k，梁的刚度为 EI。求梁中点 C 的挠度。

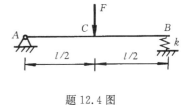

题 12.4 图

12.5　图示放置在水平面内的刚架 ABC，B 处为直角，受力如图所示。已知 F、a、l、EI、GI_p。试求 A 点的铅垂位移 Δ_{AV}。

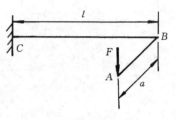

题 12.5 图

12.6　等截面刚架受力如图所示，已知 EI、l。求 C 点的铅垂位移和 B 点的水平位移。

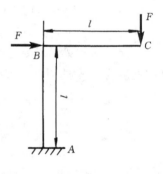

题 12.6 图

12.7　正方形桁架受力如图所示。求 B、D 两点沿 BD 方向的相对线位移和杆 BC 的转角，已知各杆 EA、l。

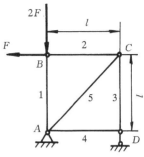

题 12.7 图

12.8　梁杆结构受力如图所示，拉杆 BD 抗拉刚度为 EA，梁 AB 抗弯刚度为 EI。已知 q、a、l，求梁中点 C 的挠度。

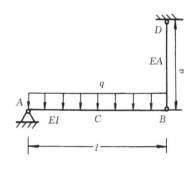

题 12.8 图

12.9　已知外伸梁受力如图所示,求 B 点的铅垂位移和 D 截面的转角。

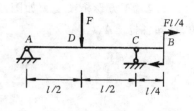

题 12.9 图

12.10　在铅垂平面内放置的半圆曲杆受力如图所示,已知曲杆的半径 R、刚度 EI 和力 F。求 A 点的线位移。

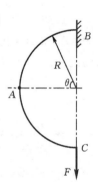

题 12.10 图

12.11 简支梁受力如图所示,梁的刚度为 EI,已知 M_0、l,用图乘法求梁中点 B 的铅垂位移 Δ_{BV}。

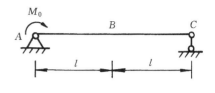

题 12.11 图

12.12　正方形刚架在 A、B 处有一缺口,受力如图所示,已知 a、F、EI,试用图乘法求 AB 截面的相对转角 $\theta_{A/B}$。

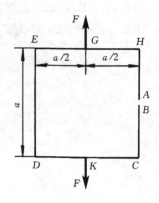

题 12.12 图

13 超静定结构

13.1 【是非题】超静定结构的相当系统和补充方程不是唯一的,但其解答结果是唯一的。 （　）

13.2 【是非题】工程中各种结构的支座沉陷都将引起结构的变形和应力。 （　）

13.3 【是非题】对于各种超静定问题,力法正则方程总可以写为 $\delta_{11}X_1 + \Delta_{1F} = 0$。

（　）

13.4 【是非题】若结构和载荷均对称于同一轴,则结构的变形和内力必对称于该对称轴。 （　）

13.5 【选择题】图(a)示超静定桁架,图(b)、图(c)、图(d)、图(e)表示其四种相当系统,其中正确的是(　　)。

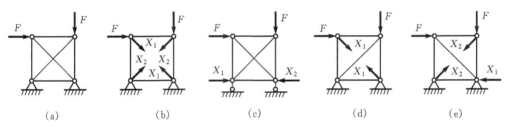

題 13.5 图

13.6 【选择题】图示超静定桁架,能选取的相当系统最多有(　　)。
A. 三种　　　　B. 五种　　　　C. 四种　　　　D. 六种

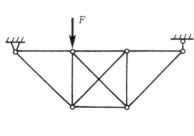

題 13.6 图

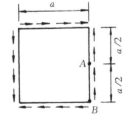

題 13.7 图

13.7 【选择题】图示刚架截面 A、B 上的弯矩分别为 M_A 和 M_B,由结构对称性可知(　　)。

A. $M_A = 0$,$M_B \neq 0$　　　　　　B. $M_A \neq 0$,$M_B = 0$

C. $M_A = M_B = 0$　　　　　　　　D. $M_A \neq 0$,$M_B \neq 0$

13.8 【填空题】判别图示各结构的超静定次数:图(a)是＿＿＿＿＿;图(b)是＿＿＿＿＿;

图(c)是＿＿＿＿＿；图(d)是＿＿＿＿＿。

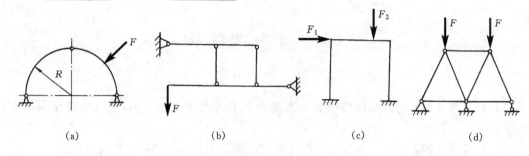

题 13.8 图

13.9 【填空题】图(a)所示超静定结构取相当系统如图(b)所示,其变形协调条件用变形比较法可表达为＿＿＿＿＿＿＿；用卡氏定理可表达为＿＿＿＿＿＿＿；用力法正则方程可表达为＿＿＿＿＿＿＿。

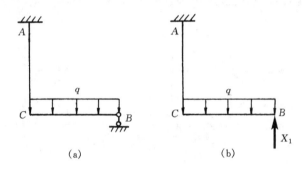

题 13.9 图

13.10 试求图示刚架的支座约束力,并画出弯矩图。各杆 EI 均为常数。

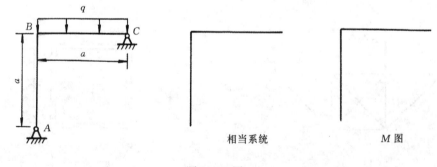

相当系统　　　　　　　　M 图

题 13.10 图

13.11　作图示刚架的弯矩图。各杆的 EI 均为常数。

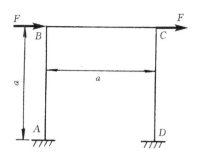

题 13.11 图

13.12　图示两端固定的梁 AB,EI 为常数。(1)作梁的弯矩图;(2)试求中点 C 的挠度。

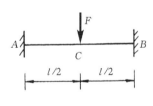

题 13.12 图

13.13　图示梁杆混合结构,试求 BD 杆的内力。

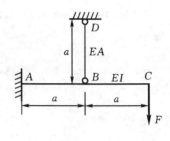

题 13.13 图

13.14　试求图示桁架结构各杆的内力,已知各杆 EA 相同。

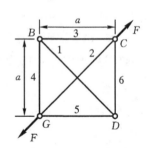

题 13.14 图

14　动载荷

14.1　【是非题】动荷因数总是大于1。（　　）

14.2　【是非题】对自由落体垂直冲击，被冲击构件的冲击应力与材料无关。（　　）

14.3　【是非题】在冲击应力和变形实用计算的能量法中，因为不计被冲击物的质量，所以计算结果与实际情况相比，冲击应力和冲击变形均偏大。（　　）

14.4　【是非题】在动载荷作用下，构件内的动应力与构件材料的弹性模量有关。（　　）

14.5　【选择题】受水平冲击的刚架如图所示，欲求 C 点的铅垂位移，则动荷因数表达式中的静位移 Δ_{st} 应是（　　）。

A. C 点的铅垂位移　　　　　B. C 点的水平位移

C. B 点的水平位移　　　　　D. 截面 B 的转角

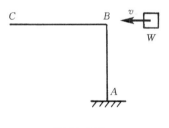
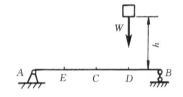

题 14.5 图　　　　　　　　　　　　　　题 14.6 图

14.6　【选择题】如图所示重量为 W 的物体自高度 h 处下落至梁上 D 截面处。梁上 C 截面的动应力为 $\sigma_d = K_d \cdot \sigma_{st}$，其中 $K_d = 1 + \sqrt{1 + \dfrac{2h}{\Delta_{st}}}$，式中 Δ_{st} 应取静载荷作用下梁上（　　）。

A. C 点的挠度　　　　　B. E 点的挠度

C. D 点的挠度　　　　　D. 最大挠度

14.7　【选择题】如图所示，重量为 W 的物体自由下落，冲击在悬臂梁 AB 的 B 点上。梁的横截面为工字形，梁可安放成图（a）或图（b）的两种形式。比较两种情形下 A 截面处的静应力和动荷因数，其正确的说法是（　　）。

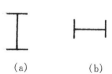

题 14.7 图

A. 图（a）静应力小，动荷因数小　　　　　B. 图（b）静应力小，动荷因数小

C. 图（a）静应力小，动荷因数大　　　　　D. 图（b）静应力大，动荷因数大

14.8 【填空题】如图（a）所示悬臂梁 AB 受冲击载荷作用。如载荷不变,在自由端 B 处加上一个弹簧支承（如图（b）所示）后,梁的动荷因数 $(K_d)_b$ 比 $(K_d)_a$ ＿＿＿＿＿＿＿。

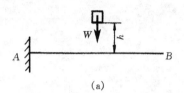 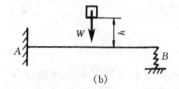

题 14.8 图

14.9 【填空题】一滑轮两边分别挂有重量为 W_1 和 $W_2(W_2 < W_1)$ 的重物,如图所示,该滑轮左右两边绳的动荷因数＿＿＿＿＿＿＿,动应力＿＿＿＿＿＿＿。

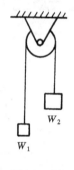

题 14.9 图

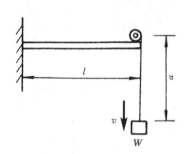

题 14.10 图

14.10 【引导题】如图所示一悬臂梁在自由端处安装一吊车,重量为 W 的重物以匀速 v 下落。若吊车突然制动,试求绳中的动应力。已知梁的抗弯刚度为 EI,长为 l,绳的横截面面积为 A,绳长为 a,弹性模量为 E（不计梁、绳及吊车的自身重量）。

解　（1）将绳和梁看成是一个弹性系统,制动前系统的能量

动能为＿＿＿＿＿＿,应变能为＿＿＿＿＿＿,其中 Δ_{st} 为绳子在 W 作用下的伸长与梁在 W 作用下自由端处的挠度之和,即 $\Delta_{st} = $ ＿＿＿＿＿＿＿＿＿＿＿＿＿＿＿＿＿。

（2）制动后系统的能量

设制动后重物的铅垂位移为 Δ_d,系统的应变能为＿＿＿＿＿＿,制动后,势能减少＿＿＿＿＿＿,重物 W 的动能为零。

（3）按能量守恒定律求动荷因数

制动后系统的动能和势能的减少等于系统应变能的增加,即＿＿＿＿＿＿＿＿＿＿＿＿＿＿＿＿＿＿＿＿＿＿＿＿＿＿,在线弹性范围内有＿＿＿＿＿＿＿＿＿＿,将此式代入能量守恒定律表达式中并整理可得＿＿＿＿＿＿＿＿＿＿＿＿＿＿＿＿＿＿＿,由此解得 $\Delta_d = $ ＿＿＿＿＿＿＿＿＿,$K_d = $ ＿＿＿＿＿＿＿。从而可求得绳中的动应力 $\sigma_d = $ ＿＿＿＿＿＿＿＿＿＿＿＿＿＿＿＿＿＿＿。

14.11 重量为 $W = 10$ kN 的重物从距离杆的下端 $h = 5$ mm 高处自由落下。（1）如图（a）所示,设杆的直径 $d_1 = 20$ mm,长 $l = 1$ m,材料的 $E = 70$ GPa,$[\sigma] = 200$ MPa,试校核该杆的强度。（2）图（b）为阶梯杆,AB 段:直径 $d_1 = 20$ mm,长 $l_1 = 0.2$ m;BC 段:直径 $d_2 = 30$ mm,其他条件不变,试校核该杆的强度。

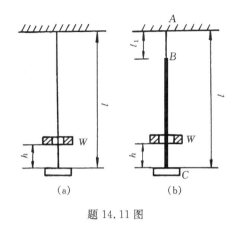

题 14.11 图

14.12 一端带有飞轮,另一端与一扭簧相连的圆轴如图所示。圆轴的直径 $d=50$ mm,长度 $l=1.5$ m,并以 $\omega=4\pi$ rad/s 的角速度旋转。飞轮可以看作一均质圆盘,其重量 $W=1$ kN,直径 $D=250$ mm,扭簧的抗扭刚度 $K=3.33\times10^4$ N·m/rad,轴材料的切变模量 $G=80$ GPa。试求:(1) 当扭簧突然制动时,轴内的最大切应力;(2)若轴不与扭簧相连,当左端突然制动时,轴内的最大切应力。

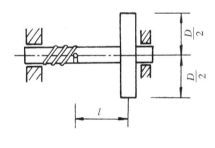

题 14.12 图

14.13　图示等截面刚架，$E = 200$ GPa。一重量为 $W^* = 300$ N 的物体，自高度 $h = 50$ mm 处自由落下。试计算 A 截面的最大铅垂位移与刚架内的最大正应力。

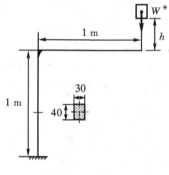

题 14.13 图

15　交变应力

15.1　【是非题】构件在交变应力下的疲劳破坏与静应力下的失效本质是相同的。（　　）

15.2　【是非题】通常将材料的持久极限与条件疲劳极限统称为材料的疲劳极限。（　　）

15.3　【是非题】材料的疲劳极限与强度极限相同。　　　　　　　　　　（　　）

15.4　【是非题】材料的疲劳极限与构件的疲劳极限相同。　　　　　　　（　　）

15.5　【填空题】疲劳破坏的特点是：

(1) ＿＿＿＿＿＿＿＿＿＿＿＿＿＿＿＿＿＿＿＿＿＿＿＿＿＿＿＿＿＿＿＿＿；

(2) ＿＿＿＿＿＿＿＿＿＿＿＿＿＿＿＿＿＿＿＿＿＿＿＿＿＿＿＿＿＿＿＿＿；

(3) ＿＿＿＿＿＿＿＿＿＿＿＿＿＿＿＿＿＿＿＿＿＿＿＿＿＿＿＿＿＿＿＿＿；

(4) ＿＿＿＿＿＿＿＿＿＿＿＿＿＿＿＿＿＿＿＿＿＿＿＿＿＿＿＿＿＿＿＿＿。

15.6　【填空题】对于恒幅交变应力，若最大应力记为 σ_{max}、最小应力记为 σ_{min}，则平均应力 $\sigma_m=$ ＿＿＿＿＿＿＿＿＿；应力幅 $\sigma_a=$ ＿＿＿＿＿＿＿＿＿；应力比（或循环特征）$r=$ ＿＿＿＿＿＿。

15.7　【填空题】影响构件疲劳极限的主要因素是(1) ＿＿＿＿＿＿＿＿；(2) ＿＿＿＿＿＿＿＿；(3) ＿＿＿＿＿＿＿＿。

15.8　【引导题】某疲劳试验机的夹头如图所示。危险截面 $A-A$ 处的直径 $d=40$ mm，圆角半径 $R=4$ mm，螺纹部分的外径 $D=48$ mm。夹头用钢制成，强度极限 $\sigma_b=600$ MPa，屈服应力 $\sigma_s=320$ MPa，拉-压对称循环应力的疲劳极限 $\sigma_{-1}=170$ MPa，敏感因数 $\psi_\sigma=0.05$，疲劳安全因数 $n_f=1.7$，静强度安全因数 $n_s=1.5$，表面精车加工。夹头承受的最大与最小轴向载荷分别为 $F_{max}=150$ kN 与 $F_{min}=0$，试校核截面 $A-A$ 的疲劳强度与静强度。

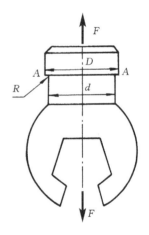

题 15.8 图

解　1. 计算工作应力

截面 $A-A$ 承受非对称循环正应力，其最大值和最小值为

$$\sigma_{max}=\frac{4F_{max}}{\pi d^2}=\underline{\hspace{5cm}}$$

$$\sigma_{min}=\frac{4F_{min}}{\pi d^2}=\underline{\hspace{5cm}}$$

应力比为

$$r=\underline{\hspace{6cm}}$$

平均应力和应力幅则为

$$\sigma_m=\underline{\hspace{4cm}}, \quad \sigma_a=\underline{\hspace{4cm}}$$

2. 确定影响因数

截面 $A-A$ 处的几何特征：

$$D/d=1.20 \qquad R/d=0.10$$

查得 $D/d=2$，$R/d=0.10$ 时钢材的 $K_{\sigma0}$ 值如下：

当 $\sigma_b=400$ MPa 时，$K_{\sigma0}=$ ＿＿＿＿＿＿，当 $\sigma_b=800$ MPa 时，$K_{\sigma0}=$ ＿＿＿＿＿

利用线性插入法，得 $\sigma_b=600$ MPa 时钢材的有效应力集中因数为

$$K_{\sigma0}=\underline{\hspace{8cm}}$$

又查得 $D/d=1.20$ 时的修正系数为

$$\xi=\underline{\hspace{8cm}}$$

由此得截面 A-A 的有效应力集中因数为

$$K_\sigma=1+\xi(K_{\sigma0}-1)=\underline{\hspace{6cm}}$$

又查得表面质量因数为

$$\beta=\underline{\hspace{8cm}}$$

此外，在轴向受力的情况下，尺寸因数为

$$\varepsilon_\sigma\approx\underline{\hspace{8cm}}$$

3. 校核强度

将以上数据代入拉-压杆非对称循环应力下的强度条件公式，得到夹头 A-A 截面的工作安全因数为

$$n_\sigma=\frac{\sigma_{-1}}{\sigma_a\dfrac{K_\sigma}{\varepsilon_\sigma\beta}+\psi_\sigma\sigma_m}=\underline{\hspace{6cm}}$$

该截面的静强度安全因数为

$$n=\frac{\sigma_s}{\sigma_{max}}=\underline{\hspace{6cm}}$$

则截面 A-A 的疲劳强度与静强度 ＿＿＿＿＿＿＿＿＿＿＿＿＿＿。

15.9 图示钢轴，承受对称循环的弯曲应力作用。钢轴分别由合金钢和碳钢制成，前者的强度极限 $\sigma_b=1\,200$ MPa，后者的强度极限 $\sigma'_b=700$ MPa，它们都是经粗车制成。设疲劳安全因数 $n_f=2$，试计算两种钢轴的许用应力 $[\sigma_{-1}]$ 并进行比较。

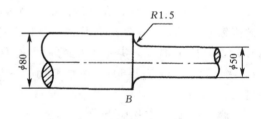

题 15.9 图

15.10 图示阶梯形圆截面钢杆,承受非对称循环的轴向载荷 F 作用,其最大值和最小值分别为 $F_{max}=100$ kN 和 $F_{min}=10$ kN,设规定的疲劳安全因数 $n_f=2$,试校核杆的疲劳强度。已知: $D=50$ mm, $d=40$ mm, $R=5$ mm, $\sigma_b=600$ MPa, $\sigma_{-1}=170$ MPa, $\psi_\sigma=0.05$。杆表面经过精车加工。

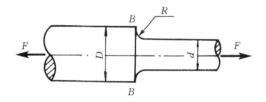

题 15.10 图

15.11 图示阶梯形钢轴,在危险截面 A - A 上,内力为同相位的对称循环交变弯矩和交变扭矩,其最大值分别为 $M_{max}=1.5$ kN·m 和 $T_{max}=2.0$ kN·m。设规定的疲劳安全因数 $n_f=1.5$,试校核轴的疲劳强度。已知轴径 $D=60$ mm, $d=50$ mm,圆角半径 $R=5$ mm,强度极限 $\sigma_b=1100$ MPa,材料的弯曲疲劳极限 $\sigma_{-1}=540$ MPa,扭转疲劳极限 $\tau_{-1}=310$ MPa,轴表面经磨削加工。

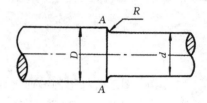

题 15.11 图

附录　参考答案

1　轴向拉伸与压缩

1.1 ✕　　**1.2** ✕　　**1.3** ✓　　**1.4** ✕　　**1.5** ✕　　**1.6** ✓　　**1.7** D

1.8 C　　**1.9** A、B、C　　**1.10** A、C；B、D　　**1.11** B；A；C　　**1.12** D

1.13 材料应力与应变成正比的最大应力值,服从胡克定律;材料只出现弹性变形的应力极限值;衡量材料强度的重要指标;材料能承受的最大应力值

1.14 最大工作应力;材料的许用应力;材料的破坏试验;$n>1$;σ_s;$\sigma_{0.2}$;σ_b^+;σ_b^-

1.15 0　　**1.16** $E_1=E_2$　　**1.17** 比例极限;塑性

1.18 形状尺寸的突变

1.19 $D=24.4$ mm,$\sigma_B=119.4$ MPa

1.20 略

1.21 $p_{max}=6.5$ MPa

1.22 $2\angle 40\times 40\times 4$,$a=100$ mm

1.23 $A=188$ mm²

1.24 $\Delta l=-0.07$ mm,$\varepsilon_{BC}=-2.5\times 10^{-4}$,$\varepsilon_{CD}=-1.0\times 10^{-4}$,$\varepsilon_{DA}=0$

1.25 $\Delta_B=3.3$ mm　（↓）

1.26 $x=\dfrac{E_2 A_2 l_1 l}{E_1 A_1 l_2+E_2 A_2 l_1}$

1.27 (a) $\Delta_x=0.247$ mm（→）,$\Delta_y=1.088$ mm（↓）

　　　　(b) $\Delta_x=0$,$\Delta_y=0.33$ mm（↓）

　　　　(c) $\Delta_x=0.143$ mm（←）,$\Delta_y=0.248$ mm（↑）

1.28 $\sigma^1=60$ MPa,$\sigma^2=120$ MPa

1.29 (1) $F=32$ kN　　(2) $\sigma^1=86$ MPa（拉）,$\sigma^2=-78$ MPa（压）

1.30 $F_{N1}=F_{N3}=160$ N（压）,$F_{N2}=320$ N（拉）

1.31 $[F]\leqslant \dfrac{5}{2}[\sigma]A$

2　剪切

2.1 ✓　　**2.2** ✕　　**2.3** ✕　　**2.4** B　　**2.5** D　　**2.6** C　　**2.7** hb,cb

2.8 $\dfrac{d}{h}=2.4$　　**2.9** $\dfrac{2F}{\pi d^2}$

2.10 $\tau=42$ MPa,$\sigma_{bs}=44.7$ MPa

2.11 $\sigma_{bs}=134.6$ MPa

2.12 接头强度足够

2.13 $d=50$ mm,$b=100$ mm

2.14 (1)轴向拉伸破坏（螺杆被拉断）　　$A=\dfrac{\pi}{4}d^2$

(2)挤压破坏　　　$A=\dfrac{\pi}{4}(D^2-d^2)$

(3)剪切破坏　$\begin{cases}①螺帽被剪坏　　A=\pi dt\\②钢板被剪坏　　A=\pi Dh\end{cases}$

3　扭转

3.1 ✕　　**3.2** ✕　　**3.3** ✕　　**3.4** ✕　　**3.5** ✓

3.6 A　　**3.7** D　　**3.8** $d_1<d_2$　　**3.9** 8倍　　**3.10** 45°螺旋面

3.11 $\tau_{max}=25.9$ MPa, $\theta=0.037$ °/m

3.12 略

3.13 $\tau_\rho=35$ MPa, $\tau_{max}=87.6$ MPa

3.14 $\tau_{max}=19.2$ MPa

3.15 $M=39.3$ kN·m

3.16 $\tau_{max}=\tau_1=49.4$ MPa, $\theta_{max}=\theta_1=1.77$ °/m

3.17 (1) $d_1\geqslant84.6$ mm, $d_2\geqslant74.5$ mm

　　　　(2) $d\geqslant84.6$ mm

　　　　(3) 主动轮1放在从动轮2、3之间比较合理

3.18 钻杆满足强度要求;$\varphi_{AB}=0.15$ rad$=8.60°$

4　截面的几何性质

4.1 ✓　　**4.2** ✓　　**4.3** C　　**4.4** A、B、C　　**4.5** B、D

4.6 $\dfrac{BH^3-bh^3}{12}$, $\dfrac{HB^3-hb^3}{12}$; $\dfrac{bh^3}{24}$

4.7 $y_C=\dfrac{4r}{3\pi}$

4.8 $\dfrac{h^2}{6}(2a+b)$, $\dfrac{h(2a+b)}{3(a+b)}$

4.9 $x_C=a$, $y_C=1.12a$

4.10 $I_{x_C}=9.32\times10^{-3}$ m^4, $I_{y_C}=2\times10^{-3}$ m^4

4.11 $a=111$ mm

5　弯曲内力

5.1 (a) $F_S=12$ kN, $M=12$ kN·m;

　　　(b) $F_S=-2$ kN, $M=-6$ kN·m;

　　　(c) $F_{S1}=6.5$ kN, $F_{S2}=F_{S3}=-13.5$ kN, $F_{S4}=6$ kN,

　　　　$M_1=M_2=28.5$ kN·m, $M_3=M_4=-12$ kN·m;

　　　(d) $F_{S1}=F_{S2}=-1$ kN, $F_{S3}=-4$ kN, $F_{S4}=3$ kN,

　　　　$M_1=-6$ kN·m, $M_2=6$ kN·m, $M_3=M_4=-8$ kN·m

5.2 (a) $|M|_{max}=36$ kN·m, $|F_S|_{max}=15$ kN;

　　　(b) $|M|_{max}=48$ kN·m, $|F_S|_{max}=20$ kN;

(c) $|M|_{max}=24.5$ kN・m, $|F_S|_{max}=14$ kN;

(d) $|M|_{max}=16$ kN・m, $|F_S|_{max}=8$ kN

5.3　(a) $|M|_{max}=33$ kN・m, $|F_S|_{max}=18$ kN;

(b) $|M|_{max}=24.5$ kN・m, $|F_S|_{max}=14$ kN;

(c) $|M|_{max}=8$ kN・m, $|F_S|_{max}=5$ kN;

(d) $|M|_{max}=8$ kN・m, $|F_S|_{max}=10$ kN;

(e) $|M|_{max}=qa^2$, $|F_S|_{max}=\dfrac{5}{2}qa$;

(f) $|M|_{max}=16$ kN・m, $|F_S|_{max}=14$ kN;

(g) $|M|_{max}=\dfrac{1}{2}ql^2$, $|F_S|_{max}=ql$;

(h) $|M|_{max}=24$ kN・m, $|F_S|_{max}=15$ kN

5.4　(a) $|M|_{max}=33$ kN・m;　(b) $|M|_{max}=5qa^2$;

(c) $|M|_{max}=12$ kN・m;　(d) $|M|_{max}=2Fa$

5.5　(a) $|M|_{max}=qa^2$;　　　　(b) $|M|_{max}=\dfrac{1}{2}qa^2$;

(c) $|M|_{max}=\dfrac{1}{4}ql^2$;　　　(d) $|M|_{max}=\dfrac{7}{4}qa^2$

5.6　略

5.7　$|F_N|_{max}=F$, $|F_S|_{max}=F$, $|M|_{max}=FR$

5.8　(a) $|F_N|_{max}=F$, $|F_S|_{max}=\dfrac{5}{2}F$, $|M|_{max}=3Fa$;

(b) $|F_N|_{max}=16$ kN, $|F_S|_{max}=16$ kN, $|M|_{max}=56$ kN・m

(c) $|F_N|_{max}=F$, $|F_S|_{max}=F$, $|M|_{max}=Fa$

6　弯曲应力

6.1　$\times$　　6.2　$\times$,$\checkmark$　　6.3　$\checkmark$　　6.4　$\times$　　6.5　$\checkmark$

6.6　A;B　　6.7　D　　6.8　D

6.9　中性层;横截面;形心

6.10　$\dfrac{W}{A}$

6.11　对称轴;两个狭长矩形中线的交点上

6.12　$\sigma_{max}=335$ MPa

6.13　I-I 截面:$\sigma_A=-7.4$ MPa, $\sigma_B=4.94$ MPa, $\sigma_C=0$, $\sigma_D=7.41$ MPa

II-II 截面:$\sigma_A=9.26$ MPa,$\sigma_B=-6.17$ MPa, $\sigma_C=0$, $\sigma_D=-9.26$ MPa

6.14　$\sigma_{max}=63.4$ MPa

6.15　18 号工字钢

6.16　$\sigma_{max}=200$ MPa, $\tau_{max}=10$ MPa

6.17　$[F]=44.2$ kN

6.18　$\sigma_{max}^{+}=24.2$ MPa, $\sigma_{max}^{-}=32.2$ MPa, $\tau_{max}=3.52$ MPa

6.19 28号工字钢

7 弯曲变形

7.1 ✕ **7.2** ✕ **7.3** ✓ **7.4** ✓ **7.5** ✕ **7.6** D

7.7 A、C **7.8** C **7.9** A **7.10** B、D

7.11 $w_A = 0$, $\theta_A = 0$, $w_C = 0$; $w_{D左} = w_{D右}$, $\theta_{D左} = \theta_{D右}$, $w_{B左} = w_{B右}$

7.12 (a) $w_{max} = 0.006\,52 \dfrac{q_0 l^4}{EI}$ ($\downarrow$), $\theta_{max} = \dfrac{q_0 l^3}{45EI}$ ($\circlearrowright$)

(b) $w_{max} = \dfrac{41ql^4}{384EI}$ ($\downarrow$), $\theta_{max} = \dfrac{7ql^3}{48EI}$ ($\circlearrowleft$)

7.13 $\theta_A = \dfrac{ql^3}{24EI}$ ($\circlearrowright$), $\theta_C = \dfrac{5ql^3}{48EI}$ ($\circlearrowright$), $w_C = \dfrac{ql^4}{24EI}$ ($\downarrow$), $w_D = \dfrac{ql^4}{384EI}$ ($\uparrow$)

7.14 (a) $\theta_C = \dfrac{11ql^3}{48EI}$ ($\circlearrowleft$), $w_C = \dfrac{19ql^4}{128EI}$ ($\uparrow$)

(b) $\theta_C = \dfrac{4qa^3}{3EI}$ ($\circlearrowleft$), $w_C = \dfrac{7qa^4}{8EI}$ ($\uparrow$)

(c) $\theta_C = \dfrac{qa^3}{4EI}$ ($\circlearrowleft$), $w_C = \dfrac{5qa^4}{24EI}$ ($\downarrow$)

(d) $\theta_C = \dfrac{ql^2}{24EI}(5l+12a)$ ($\circlearrowleft$), $w_C = \dfrac{ql^2 a}{24EI}(5l+6a)$ ($\uparrow$)

7.15 $w_B = \dfrac{Fa^3}{6EI}$ ($\downarrow$), $w_D = \dfrac{Fa^3}{4EI}$ ($\downarrow$), $\theta_{B右} = \dfrac{Fa^2}{4EI}$ ($\circlearrowright$)

$\theta_A = \dfrac{Fa^2}{3EI}$ ($\circlearrowleft$), $\theta_{B左} = \dfrac{Fa^2}{6EI}$ ($\circlearrowright$)

7.16 $w_{max} = 3.6$ mm, $\sigma_{max} = 48.2$ MPa

7.17 (a) $M_A = \dfrac{3}{16}Fl$ ($\circlearrowright$), $R_A = \dfrac{11}{16}F$($\uparrow$), $R_B = \dfrac{5}{16}F$($\uparrow$)

(b) $M_A = \dfrac{ql^2}{16}$ ($\circlearrowright$), $R_A = \dfrac{7}{16}ql$($\uparrow$), $R_B = \dfrac{17}{16}ql$($\uparrow$)

(c) $R_A = \dfrac{13}{32}F$ ($\uparrow$), $R_B = \dfrac{11}{16}F$($\uparrow$), $R_C = \dfrac{3}{32}F$($\downarrow$)

(d) $R_A = R_B = \dfrac{3}{8}ql$($\uparrow$), $R_C = \dfrac{5}{4}ql$($\uparrow$)

7.18 $F_N = \dfrac{5ql}{56}$

7.19 82.6 N

8 应力和应变分析

8.1 ✕ **8.2** ✕ **8.3** ✓ **8.4** ✕ **8.5** ✕ **8.6** D **8.7** D

8.8 D **8.9** A **8.10** D **8.11** D；B

8.12 找出该点沿不同截面方向的应力变化规律

8.13 $\sigma_{max} = \sigma$, $\tau_{max} = \dfrac{\sigma}{2}$

8.14 单向,三向

8.15 单向,二向,二向

8.16 $\sigma_1 = 17.6$ MPa, $\sigma_3 = -57.4$ MPa; $\tau_{max} = 37.5$ MPa

8.17 (a) $\sigma_\alpha = 35$ MPa, $\tau_\alpha = 60.6$ MPa

　　　(b) $\sigma_\alpha = 62.5$ MPa, $\tau_\alpha = 21.7$ MPa

　　　(c) $\sigma_\alpha = -60.8$ MPa, $\tau_\alpha = 31.3$ MPa

8.18 (a) $\sigma_1 = 57$ MPa, $\sigma_3 = -7$ MPa, $\alpha_0 = -19.33°$, $\tau_{max} = 32$ MPa

　　　(b) $\sigma_1 = 4.7$ MPa, $\sigma_3 = -84.7$ MPa, $\alpha_0 = -13.3°$, $\tau_{max} = 44.7$ MPa

　　　(c) $\sigma_1 = 25$ MPa, $\sigma_3 = -25$ MPa, $\alpha_0 = -45°$, $\tau_{max} = 25$ MPa

8.19 (1) $\sigma_1 = 150$ MPa, $\sigma_2 = 75$ MPa, $\sigma_3 = 0$, $\tau_{max} = 75$ MPa

　　　(2) $\sigma_\alpha = 131$ MPa, $\tau_\alpha = -32.5$ MPa

8.20 (a) $\sigma_1 = 11.2$ MPa, $\sigma_3 = -71.2$ MPa, $\alpha_0 = 52.02°$, $\tau_{max} = 41.2$ MPa

　　　(b) $\sigma_1 = 112$ MPa, $\sigma_3 = 0$ MPa, $\alpha_0 = -22.5°$, $\tau_{max} = 56$ MPa

　　　(c) $\sigma_1 = 0$ MPa, $\sigma_3 = -96$ MPa, $\alpha_0 = -55°$, $\tau_{max} = 48$ MPa

8.21 $\sigma_1 = 120$ MPa, $\sigma_2 = 20$ MPa, $\sigma_3 = 0$, 与 95 MPa 应力方向夹角 $\alpha_0 = -30°$

8.22 (a) $\sigma_1 = 50$ MPa, $\sigma_2 = 50$ MPa, $\sigma_3 = -50$ MPa, $\tau_{max} = 50$ MPa

　　　(b) $\sigma_1 = 52.2$ MPa, $\sigma_2 = 50$ MPa, $\sigma_3 = -42.2$ MPa, $\tau_{max} = 47.2$ MPa

8.23 $P = 109$ kW

8.24 $\sigma_1 = 0$, $\sigma_2 = -19.8$ MPa, $\sigma_3 = -60$ MPa;

　　　$\Delta l_1 = 3.75 \times 10^{-3}$ mm, $\Delta l_2 = 0$, $\Delta l_3 = -7.64 \times 10^{-3}$ mm

8.25 $\theta = -5.76 \times 10^{-5}$

8.26 $F = 60.15$ kN

9　强度理论

9.1 ✗　　**9.2** ✓　　**9.3** ✗

9.4 B、D　　**9.5** A　　**9.6** B　　**9.7** B

9.8 材料破坏原因

9.9 塑性屈服,脆性断裂

9.10 危险点的应力状态,材料性质

9.11 $[\tau] = [\sigma]$, $[\tau] = 0.5[\sigma]$

9.12 $\delta = 9.74$ mm

9.13 $\sigma_{r3} = 300$ MPa, $\sigma_{r4} = 265$ MPa

9.14 $p = 4$ MPa

9.15 $\sigma_{r2} = 26.83$ MPa $< [\sigma_t]$, $\sigma_{rM} = 25.83$ MPa $< [\sigma_t]$

9.16 跨中截面上下边缘处:$\sigma = 138.3$ MPa

　　　集中力作用截面上腹板和翼缘的交界处:$\sigma_{r3} = 113.2$ MPa

9.17 $\sigma_{rM} = 17.6$ MPa $< [\sigma_t]$

10　组合变形

10.1 ✗　　**10.2** ✓　　**10.3** ✗　　**10.4** ✓　　**10.5** ✓　　**10.6** C　　**10.7** C

10.8 D   **10.9** 弯曲，压弯扭，拉弯扭

10.10 $\dfrac{5F}{bh}$，$-\dfrac{7F}{bh}$

10.11 $d=73$ mm

10.12 $\sigma_{\max}^{+}=5.09$ MPa，$\sigma_{\max}^{-}=5.29$ MPa

10.13 $\sigma_{\max}=171$ MPa

10.14 $\sigma_{b\,\max}=11.7$ MPa，$\sigma_{a\,\max}=8.75$ MPa

10.15 $[F]=140.5$ kN

10.16 $\sigma_{\max}^{-}=0.29$ MPa

10.17 $F=788$ N

10.18 $d\geqslant 49.3$ mm

10.19 $\sigma_{r3}=50.5$ MPa

10.20 (1) $d=38.5$ mm， (2) $\sigma_{r3}=157$ MPa

10.21 $M=60$ N·m；$T=86.4$ N·m；$\sigma_{r4}=159.8$ MPa，满足强度要求

11 压杆稳定

11.1 √   **11.2** √   **11.3** ×   **11.4** ×   **11.5** ×   **11.6** D,B

11.7 B   **11.8** B   **11.9** C   **11.10** $1:1:5$，$1:2:20$ **11.11** $2\sqrt{2}$

11.12 不安全，大；不安全，大

11.13 (1) $\lambda_1=150$；$\lambda_2=70$；$\lambda_3=56.3$

      (2) $\rho_{\mathrm{p}}=100$；$\lambda_{\mathrm{s}}=62$

      (3) $\sigma_{\mathrm{cr1}}=90.4$ MPa，$\sigma_{\mathrm{cr2}}=225.6$ MPa，$\sigma_{\mathrm{cr3}}=235$ MPa

11.14 $F_{\mathrm{cr}}=355$ kN，$b:h=1:2$

11.15 $\Delta t=66.1$ ℃

11.16 $n=1.7$

11.17 $[F]=316.4$ kN， 2.08 倍

11.18 $d\geqslant 8.7$ cm

11.19 25a 工字钢

12 能量方法

12.1 D   **12.2** B   **12.3** A

12.4 $\Delta_C=\dfrac{Fl^3}{48EI}+\dfrac{F}{4k}$ (↓)

12.5 $\Delta_{AV}=\dfrac{Fa^3}{3EI}+\dfrac{Fl^3}{3EI}+\dfrac{Fa^2l}{GI_{\mathrm{p}}}$ (↓)

12.6 $\Delta_{CV}=\dfrac{11Fl^3}{6EI}$ (↓)； $\Delta_{BH}=\dfrac{5Fl^3}{6EI}$ (→)

12.7 $\Delta_{B/D}=\dfrac{2Fl}{EA}$ (↖)； $\theta_{BC}=\dfrac{3F}{EA}$ (↻)

12.8 $\Delta_{CV}=\dfrac{5ql^4}{384EI}+\dfrac{qla}{4EA}$ (↓)

12.9 $\Delta_{BV} = \dfrac{5Fl^3}{384EI}$ （↓）; $\theta_D = \dfrac{Fl^2}{96EI}$ （↷）

12.10 $\Delta_A = \sqrt{\Delta_{AV}^2 + \Delta_{AH}^2} = \dfrac{FR^3}{2EI}\sqrt{(1-\dfrac{\pi}{4})^2 + 1}$

12.11 $\Delta_{BV} = \dfrac{M_0 l^2}{4EI}$ （↓）

12.12 $\theta_{A/B} = \dfrac{3Fa^2}{4EI}$ （↘↖）

13 超静定结构

13.1 √ **13.2** × **13.3** × **13.4** √ **13.5** (e) **13.6** D **13.7** A

13.8 静定；静定；三次；一次

13.9 $w_{Bq} + w_{BX_1} = 0$; $\Delta_B = \dfrac{\partial V_\varepsilon}{\partial X_1} = 0$; $\delta_{11}X_1 + \Delta_{1q} = 0$

13.10 $F_{Ax} = \dfrac{qa}{16}$ （→）; $F_{Ay} = \dfrac{9}{16}qa$ （↑）, $F_{Cx} = \dfrac{qa}{16}$ （←）, $F_{Cy} = \dfrac{7}{16}qa$ （↑）

13.11 中间截面上 $X_1 = \dfrac{6}{7}F$ （↑）

13.12 $M_A = \dfrac{Fl}{8}$ （↷） $w_C = \dfrac{Fl^3}{192EI}$ （↓）

13.13 $F_{NBD} = \dfrac{5Fa^2 A}{2a^2 A + 6I}$

13.14 $F_{N1} = \dfrac{2-\sqrt{2}}{2}F(压)$, $F_{N2} = \dfrac{\sqrt{2}}{2}F(拉)$, $F_{N3} = F_{N4} = F_{N5} = F_{N6} = \dfrac{\sqrt{2}-1}{2}F(拉)$

14 动载荷

14.1 × **14.2** × **14.3** √ **14.4** √ **14.5** C **14.6** C **14.7** C

14.8 < **14.9** 不等，相等

14.10 $\sigma_d = \dfrac{W}{A}\left[1 + \sqrt{\dfrac{v^2}{g\left(\dfrac{Wa}{EA} + \dfrac{Wl^3}{3EI}\right)}}\right]$

14.11 (1) $\sigma_{dmax} = 184.2$ MPa (2) $\sigma_{dmax} = 234.2$ MPa

14.12 (1) $\tau_{max} = 58.7$ MPa (2) $\tau_{max} = 82.7$ MPa

14.13 $\Delta = 2.22 \times 10^{-2}$ m, $\sigma_{max} = 176$ MPa

15 交变应力

15.1 × **15.2** √ **15.3** × **15.4** ×

15.5 (1) 破坏时应力低于材料的强度极限,甚至低于材料的屈服应力;

(2) 疲劳破坏需经历多次应力循环后才能出现;

(3) 破坏时一般无明显的塑性变形,即表现为脆性断裂;

(4) 在破坏的断口上,通常有光滑和粗粒状两个区域

15.6 $\sigma_m = \dfrac{\sigma_{max} + \sigma_{min}}{2}$; $\sigma_a = \dfrac{\sigma_{max} - \sigma_{min}}{2}$; $r = \dfrac{\sigma_{min}}{\sigma_{max}}$

15.7   (1) 构件外形； (2) 构件截面尺寸； (3) 表面加工质量

15.8   1. $r = 0$;   2. $K_\sigma = 1.46$；$\beta = 0.94$，$\varepsilon_\sigma = 1$;   3. $n_\sigma \approx 1.78$，$n = 2.68$

15.9   合金钢：$[\sigma_{-1}] \approx 34$ MPa；碳钢：$[\sigma_{-1}] \approx 35$ MPa

15.10 $n_\sigma \approx 3$

15.11 $n_{\sigma\tau} \approx 1.45$